磁耦合多线圈结构
无线电能传输技术

张金 吕飞 刘飞 ◎ 著

U0378622

西安电子科技大学出版社

内 容 简 介

　　无线电能传输技术在消费电子产品、无人驾驶电动汽车、可植入医疗设备等产品中得到了广泛应用。本书介绍了磁耦合多线圈结构无线电能传输系统快速发展的历程，并重点阐述了多线圈 WPT 系统的结构、分析方法、建模手段及参数优化技术。

　　全书共 7 章，内容包括绪论、四线圈 WPT 系统输入输出端线圈匹配技术、多中继线圈 WPT 系统带通滤波器设计技术、多中继线圈 WPT 系统频率分裂分析方法、多发射线圈 WPT 系统高传输效率的参数配置技术、基于接收端反射电阻理论的多发射线圈 WPT 系统设计方法、多发射单接收线圈 WPT 系统优化电流和优化电压的电路方案。

　　本书可作为研究方向为无线电能传输的硕士、博士研究生和相关教师的参考书，也可作为本领域从事产品研发和生产的工程师的参考书。

图书在版编目(CIP)数据

磁耦合多线圈结构无线电能传输技术/张金，吕飞，刘飞著. --西安：西安电子科技大学出版社，2023.12
ISBN 978 - 7 - 5606 - 7053 - 9

Ⅰ. ①磁…　Ⅱ. ①张… ②吕… ③刘…　Ⅲ. ①无导线输电—磁感应—耦合器—设计方案—研究　Ⅳ. ①TM724

中国国家版本馆 CIP 数据核字(2023)第 208444 号

策　　划　高 樱
责任编辑　程广兰　高 樱
出版发行　西安电子科技大学出版社(西安市太白南路 2 号)
电　　话　(029)88202421　88201467　　邮　编　710071
网　　址　www. xduph. com　　　电子邮箱　xdupfxb001@163. com
经　　销　新华书店
印刷单位　陕西天意印务有限责任公司
版　　次　2023 年 12 月第 1 版　2023 年 12 月第 1 次印刷
开　　本　787 毫米×960 毫米　1/16　印张　9
字　　数　180 千字
定　　价　37.00 元
ISBN 978 - 7 - 5606 - 7053 - 9/TM
XDUP 7355001－1

前　言

近些年来，随着电力电子器件、功率变换技术、智能控制技术以及材料学的发展，磁耦合谐振式无线电能传输（WPT）技术得到了广泛的研究。

基本的磁耦合谐振式无线电能传输系统是由单发射单接收线圈、高频交流电源和负载构成的，线圈间的耦合系数随着传输距离的增大呈三次方反比例下降，因此两线圈结构WPT系统的负载获得功率和电能传输效率随传输距离的增大而明显下降。为了解决该问题，出现了能有效提高系统性能的插入多中继线圈的WPT系统。此外，对于多负载的应用场合，如同时对多个消费电子产品充电，需研究单发射多接收线圈WPT系统甚至多发射多接收线圈WPT系统的耦合特性、功率分配问题、系统效率问题、频率分裂以及线圈本身结构设计问题等。对于需要动态充电、全向充电和有效提高充电区域的场合，需研究多发射单接收线圈WPT系统以及多发射多接收线圈WPT系统，涉及的技术问题有系统效率优化、多馈电通路协调控制、能量与信息协同传输等。

根据上述技术发展，本书重点讨论了磁耦合多线圈结构无线电能传输系统的设计以及性能优化方法。书中不仅给出了理论知识，还通过严格的电磁仿真和实验测量验证所提出的理论，旨在为读者提供一本逻辑清晰、层次分明、系统性强的参考书。

全书共7章。第1章是绪论，主要介绍磁耦合无线电能传输技术的发展现状、磁耦合多线圈结构无线电能传输技术概述以及全书结构与内容安排；第2章是四线圈WPT系统输入输出端线圈匹配技术，主要介绍系统电路分析及相关的计算实例；第3章是多中继线圈WPT系统带通滤波器设计技术，主要介绍基于基尔霍夫电压定律和基于带通滤波器理论的系统分析，以及相应的数值计算与实验测量；第4章是多中继线圈WPT系统频率分裂分析方法，主要介绍系统特性分析、基于物理模型的理论阐释、实现预定目标的优化分析及相应的实验验证；第5章是多发射线圈WPT系统高传输效率的参数配置技术，主要介绍多发射单接收线圈WPT系统的理论分析及相关的数值计算与实验验证；第6章是基于接收端反射电阻理论的多发射线圈WPT系统设计方法，主要介绍基于接收端反射电阻理论的多发射线圈WPT系统的理论推导及相关的数值计算与实验验证；第7章是多发射单接收线圈WPT系统优化电流和优化电压的电路方案，主要介绍多发射单接收线圈WPT系统优化电流和优化电压的电路方案以及相应的理论计算和全波电磁仿真验证。

本书是多位作者通力合作的成果，其中，张金主笔了大部分内容，吕飞和刘飞负责起草大纲以及统稿工作。

在本书编写过程中，金陵科技学院电子信息工程学院的陈正宇教授和胡国兵教授给予了宝贵的意见和帮助，在此表示衷心的感谢。

限于编者水平，书中难免存在不妥之处，敬请专家、同行和读者批评指正。

著　者

2023 年 3 月

目 录

第1章 绪 论

1.1 引 言

电能已广泛应用于照明、通信、动力、化学、纺织等众多领域，在人们的日常生活中发挥着至关重要的作用。电能的应用使人类社会活动变得更加便利。随着信息时代的到来，电气设备供电的智能化和自动化已成为一种新兴技术需求。因为无线电能传输（Wireless Power Transfer，WPT）方式可以取代传统的有线供电方式，并实现电能的智能无线传输，所以它正在受到广泛关注。

目前，主流的WPT技术主要包括基于远场的辐射无线电能传输技术、基于近场的磁耦合感应式无线电能传输技术和磁耦合谐振式无线电能传输技术。对于磁耦合感应式无线电能传输和磁耦合谐振式无线电能传输来说，由于它们都采用原、副边分离的磁路结构，通过高频磁场的耦合传输电能，因此具有使用安全方便、无机械磨损和环境适应能力强等优点，成为当前WPT研究领域的热点方向。虽然这两种电能传输方式的输能机理在学术界存在争议[1-3]，但是在小耦合系数和高线圈品质因数（Q值）条件下，串串补偿结构的感应方式与谐振方式是相同的，因此磁耦合感应式无线电能传输和磁耦合谐振式无线电能传输方式不是两种截然不同的无线输能方式，它们可以用同样的理论解释。本书研究的磁耦合多线圈结构WPT技术正是基于这两种输能方式的。

经典的磁耦合WPT系统由高频交流电源、单个发射线圈、单个接收线圈和负载构成，其在实际应用中存在以下问题：首先，随着耦合距离的增加，由单个发射线圈和单个接收线圈构成的耦合结构系统的电能传输效率（Power Transfer Efficiency，PTE）和负载获得功率（Power Delivered to Load，PDL）下降得非常快，并且对两耦合线圈的横向偏移距离非常敏感[4,5]；其次，在实际应用中往往需要对多个负载同时供电，这是单接收线圈WPT系统难以胜任的。为了使负载获得功率和电能传输效率不随接收线圈位置的改变而改变，就需要构建均匀的耦合磁场，而单个发射线圈很难在任意不同位置构成均匀磁场。因此，对磁耦合多线圈WPT系统进行研究，探讨如何实现中远距离、稳定及多负载的高效供电，对

WPT 的发展和实际应用具有重大的意义。

1.2 磁耦合无线电能传输技术的发展现状

磁耦合 WPT 技术能够实现高效、中远距离和较高功率的无辐射电能传输。目前，基于单发射单接收线圈系统的 WPT 技术已经比较成熟，并应用于电动汽车、便携式电子设备、可植入医疗设备的无线充电[6-8]。

1.2.1 国外磁耦合无线电能传输技术的发展现状

早在 20 世纪 90 年代，新西兰奥克兰大学的 Boys 教授团队便开始研究基于磁耦合的 WPT 技术[9-11]。经过近 30 年的探索，该团队在耦合系统等效电路分析、电磁机构设计、工作频率选择、电能与信息同步传输、功率控制以及系统稳定性设计等方面建立了丰富的理论和技术基础。2007 年，美国麻省理工学院的 Marin Soljacic 教授团队利用耦合模型理论(Coupled Mode Theory，CMT)分析了由单发射谐振线圈匹配馈电环与单接收谐振线圈匹配负载环组成的磁耦合 WPT 系统[4]。该系统在 2 m 的传输距离处能点亮功率为 60 W 的灯泡，系统效率达到 40%。当收、发谐振线圈间的距离缩短到 1 m 时，系统效率高达 90%。图 1-1 是美国麻省理工学院磁耦合 WPT 系统的结构示意图。

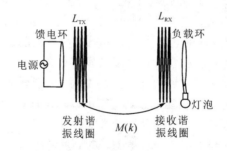

图 1-1　美国麻省理工学院磁耦合 WPT 系统的结构示意图

2008 年，Intel 公司的 J. R. Smith 团队将上述磁耦合 WPT 系统中的收、发谐振线圈设计成平面结构，成功地在 1 m 的传输距离处点亮了功率为 60 W 的灯泡，系统效率达到了 75%。该团队研究了传输距离变化时系统出现的频率分裂现象，并设计了频率追踪系统，以保证在不同传输距离处系统效率始终保持最优。

2010 年起，日本东京大学的 Takehiro Imura 团队采用电路理论(Circuit Theory，CT)对磁耦合 WPT 系统进行了分析，他们发现，在确定的传输距离处，系统会对应一个最优负载阻抗。该团队提出采用负载阻抗变换网络将实际负载阻抗动态地匹配到最优负载阻抗，从而实现一定传输距离范围内的高效稳定的电能传输[12，13]。图 1-2 展示了利用阻抗匹配技术实现高效 WPT 系统的实物图。

图 1-2　东京大学采用阻抗匹配技术实现高效 WPT 系统的实物图

2012 年，佐治亚理工学院的 Maysam Ghovanloo 课题组从瞬态时域和稳态频域两个角度出发，对磁耦合 WPT 技术进行了基于 CT 和 CMT 的对比分析[14]。该课题组认为，在分析频域稳定系统的 PTE 时，尽管 CT 和 CMT 使用的物理参量有所不同，但按照各种参量的对应关系进行互换后，得到的频域稳定系统的 PTE 结果是一致的。值得注意的是，物理学家通常更熟悉 CMT，而电子工程师更倾向于使用 CT。当进行瞬态时域分析时，在线圈间存在弱耦合和使用高 Q 值线圈的条件下，用 CMT 计算得到的系统参数的精度与用 CT 计算得到的系统参数的精度相当。

2014 年，美国高通公司推出了一个基于磁耦合原理的静态车用无线充电系统。该系统将电能从地面下的发射线圈传输到安装在电动汽车底盘上的接收线圈，从而为汽车电池充电。该充电系统的效率高达 90%，且用户还可以根据车辆的不同需求调整充电功率等级。

同时，为了实现汽车在行驶过程中的无线充电，美国橡树岭国家实验室对充电系统结构进行了系统性的分析和设计。研究人员充分考虑了电动汽车运动过程中动态变化的耦合距离对电能传输的影响，并开展了对车用无线充电系统拓扑结构以及多对一线圈系统充电方面的研究。此外，在不同外界干扰条件下，该实验室研究人员基于频率控制技术对系统的最大传输功率进行了研究。橡树岭国家实验室动态充电方案如图 1-3 所示。

自 2015 年以来，WPT 技术在便携式电子设备、可植入医疗器械、无人机等领域得到了广泛关注和研究[15-18]。2015 年年底，三星集团和苹果公司分别推出了具备无线充电功能的手机和手表。2018 年 8 月，特斯拉公司发布了一款可为 iPhone 提供便携式无线充电的充电器，该充电器还留有 USB-C 接口，既可实现有线充电，也支持无线充电。便携式电子设备充电如图 1-4 所示。在过去几年中，学术界的研究重点主要集中在以下几个方面：空

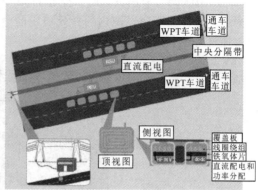

| (a) 整体样机系统 | (b) 系统的结构示意图 |

图 1-3 橡树岭国家实验室动态充电方案

间全向 WPT 技术[19,20]、近场耦合无线电能与信息同步传输技术[21-23]、电场耦合型和磁电混合耦合型 WPT 技术[24,25]以及系统补偿拓扑[23,24,26]等。

(a) 三星集团的手机　　　　(b) 苹果公司的Apple　　　　(c) 特斯拉公司的iPhone
　　无线充电平台　　　　　　Watch无线充电平台　　　　　　便携式无线充电器

图 1-4 便携式电子设备充电

1.2.2 国内磁耦合无线电能传输技术的发展现状

自 2007 年以来，麻省理工学院团队将磁耦合 WPT 系统的传输距离成功提升至 2 m。从那时起，我国对 WPT 技术的关注逐渐加大，研究越发迅速。在磁耦合 WPT 领域，国内知名的研究团队包括华南理工大学张波教授团队、哈尔滨工业大学朱春波教授团队、天津工业大学杨庆新教授团队、东南大学黄学良教授团队、重庆大学孙跃教授团队、上海交通大学密西根学院马澄斌教授团队以及清华大学赵争鸣教授课题组。

华南理工大学张波教授团队对磁谐振式和磁感应式 WPT 系统的机理与区别进行了比较分析[1,2]。他们利用 CT 研究了线圈结构、电源频率、耦合距离、负载等参数与系统电能传输效率(PTE)的关系[27, 28]。基于优化的系统功率和传输效率,该团队利用频率追踪技术解决了由于耦合距离变化导致系统 PTE 降低的频率失谐问题[29]。

哈尔滨工业大学朱春波教授团队在分析磁谐振 WPT 系统传输功率的影响因素之后,对比了非谐振和谐振 WPT 系统的传输功率特性,提出了一种整体分析电能传输系统损耗的方法,将有功损耗和驱动源损耗纳入分析范畴[30]。通过建立损耗分析等效电路,该团队提出了在设计中应统筹考虑降低有功损耗和驱动源损耗的原则。此外,该团队还研究了家用电器无线供电的应用技术[31]以及多负载 WPT 系统的稳定工作技术[32]。通过运用互感耦合模型,该团队得到了多负载系统次级侧到初级侧的等效反映阻抗,并进一步得到了初级侧、次级侧谐振频率一致时的初级谐振电容值,最后根据多负载系统初级侧存在唯一零相角谐振点的条件,得到了多负载系统的稳定条件。

天津工业大学杨庆新教授团队对磁谐振 WPT 系统的 PDL 和 PTE 与电源频率以及传输距离之间的关系进行了深入探讨。该团队发现,在给定阻值负载和系统参数的条件下,系统存在一个无频率分裂的最大有效传输距离。同时,他们提出了将"线圈品质因数高和线圈间耦合作用强"作为实现高效无线电能传输的两个关键要素。基于这两个要素,该团队成功实现了距离达 2.5 m 的无线电能传输,成功点亮了功率为 120 W 的灯泡,并使灯泡达到了额定亮度[33, 34]。

东南大学黄学良教授团队建立了一套相对完善的磁谐振耦合式无线电能传输研究平台。在 1.5 m 的传输距离处,该平台可实现接收功率约为 300 W、PTE 约为 80% 的无线电能传输,其部分指标达到了国内外先进水平。该团队还对接收线圈在不同位置时对 PDL 和 PTE 的影响、接收线圈移动时 PTE 和频率的变化与匹配、接收线圈采用不同拓扑结构时的 PDL 和 PTE 以及收发线圈的对准定位等方面进行了多项研究[35, 36]。

重庆大学孙跃教授团队针对磁耦合无线电能传输原理、高频软开关建模及系统性能随传输距离变化所产生的非线性特性等方面进行了深入研究。上海交通大学密西根学院马澄斌教授团队对兆赫兹频段的无线电能传输系统的小型化及多维度充电进行了研究。清华大学赵争鸣教授课题组对磁耦合谐振式 WPT 的原理进行了详细分析,并对比了两线圈结构与四线圈结构的相似性及差异性。由于四线圈结构在发射端和接收端分别增加了两个匹配线圈,因此四线圈结构在阻抗匹配方面表现出更优越的性能。

1.3 磁耦合多线圈结构无线电能传输技术概述

传统的磁谐振 WPT 系统由单发射线圈和单接收线圈构成。在这种结构中,线圈间的耦合系数随着传输距离的增大呈三次方反比例下降,导致电能有效传输距离较短。为了有效增加电能传输距离，研究人员提出了多中继线圈 WPT 系统，如图 1-5(a)所示，图中 IX 为中继线圈。此外，根据发射线圈和接收线圈的数量不同，多线圈结构 WPT 系统还可分为多发射单接收线圈 WPT 系统、单发射多接收线圈 WPT 系统以及多发射多接收线圈 WPT 系统，分别如图 1-5(b)、(c)和(d)所示，图中 RX 为接收线圈，TX 为发射线圈。

图 1-5(a)中的多中继线圈旨在有效提高无线电能传输的传输距离。多发射单接收线圈 WPT 系统是针对能在较大范围内实现自由电能传输的场景而提出的；单发射多接收线圈 WPT 系统是针对单个发射源能够同时为多个用电设备充电的需求而提出的；多发射多接收线圈 WPT 系统综合了多发射单接收线圈 WPT 系统与单发射多接收线圈 WPT 系统的应用优势。然而，收、发线圈间复杂的交叉耦合使得多发射多接收线圈 WPT 系统的解耦过程非常复杂，并且在实际应用中，系统的稳定性也面临挑战。

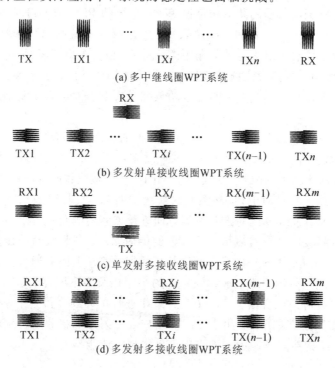

图 1-5　多线圈结构 WPT 系统示意图

在传输相同功率的情况下，相较于仅包含发射线圈和接收线圈的 WPT 系统，插入多个中继线圈的 WPT 系统能显著提高传输距离。早在 2009 年，Rafif E. Hamam 便提出了利用中继线圈增强系统电能传输效率的方法[37]。此后，国内外许多学者对插入多个中继线圈的 WPT 系统进行了深入研究。根据文献[38]中的研究可知，通过在收、发线圈之间插入一个中继线圈并优化其位置，实现了相较于未添加中继线圈的原系统高出一倍的最优效率。在保持传输距离不变的条件下，文献[39]提出，通过插入中继线圈可以将系统效率提升至单发射单接收线圈 WPT 系统效率的三倍。中继线圈的数量、位置、尺寸和摆放角度等因素会对系统性能产生显著影响。

黄智慧等人通过建立电路模型，证实了在发射电路与接收电路参数相同且完全对称的情况下，单个中继线圈的最优插入位置位于发射线圈和接收线圈的对称中心[40]。当中继线圈增加至两个甚至三个时，为获得最大 PDL，多个中继线圈的排列并非等间距。

利用传统的基尔霍夫电压定律分析多中继线圈 WPT 系统时，分析过程中的计算量随着线圈数量的增加而急剧增大。文献[41]指出，常规的基于带通滤波器理论（Band-Pass Filter Theory，BPFT）设计的通带滤波模型与多中继线圈 WPT 系统具有相似的等效电路，因此采用成熟的 BPFT 分析多中继线圈 WPT 系统是适当的。研究表明，利用 BPFT 可以便捷地获得插入任意数量中继线圈的 WPT 系统的 PDL 和 PTE 的通用公式。

在函数类型不同的原型滤波器中，巴特沃斯低通原型滤波器在电路设计方面优于切比雪夫和椭圆函数原型滤波器，原因在于基于巴特沃斯低通原型滤波器设计的多中继线圈 WPT 系统无需额外优化，便可自然地运行在中心谐振频率的临界耦合点。此外，利用 BPFT 设计的系统有助于研究系统传输功率损耗与系统带宽之间的关系。基于 BPFT 设计的多中继线圈 WPT 系统如图 1-6 所示。

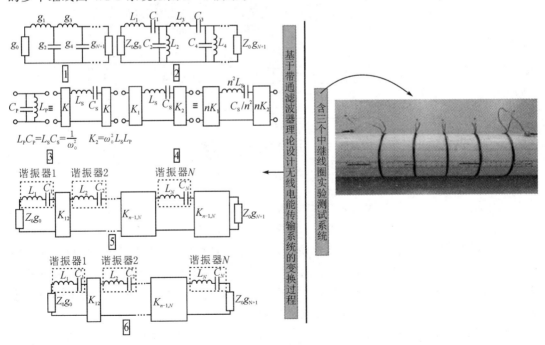

图 1-6 基于 BPFT 设计的多中继线圈 WPT 系统

在电能传输路径中加入中继线圈的方法对于电动汽车、便携式电子设备等无线充电场景来说并不实用。韩国学者 Dukju Ahn 采用了一种不同的方法，即将两个中继线圈分别移至发射线圈和接收线圈处[42]，形成了双线圈发射端和双线圈接收端。对于采用上述方法设计的 WPT 系统，其未连接电源的发射线圈和未加载负载的接收线圈均具有高 Q 值。同时，WPT 系统的线圈之间存在耦合和交叉耦合，为电能传输提供了额外通道。通过合理调节系统的工作频率并进行优化设计，可以有效提高系统的 PTE 和 PDL。收发端插入高 Q 值线圈的多中继线圈 WPT 系统如图 1-7 所示。

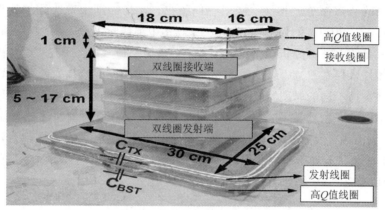

(a) 耦合线圈的结构

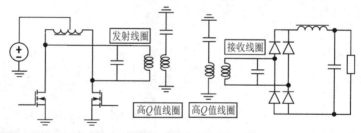

(b) 整个传输系统的等效电路

图 1-7　收、发端插高 Q 值线圈的多中继线圈 WPT 系统

相较于传统直线型多中继线圈 WPT 系统，文献[43]提出了一种圆环形双传输通路多中继线圈 WPT 系统，如图 1-8 所示，并给出了相应的数值计算公式。该文献利用叠加原理分析两条传输通路的相互作用，发现两条传输通路的叠加效应使得实现系统高效率的最优频率，并非各谐振器的自然谐振频率。在这个系统中，可以通过调整谐振线圈的补偿电容来改变功率流通路上的阻抗，进而在较宽的频率范围内实现高效率的电能传输。

为了提高系统电能传输的有效范围、实现动态充电和全向充电等目标，多发射单接收线圈 WPT 系统得到了广泛研究[44-46]。文献[44]利用有限元仿真软件 Maxwell 对多发射线

图 1-8　圆环形双传输通路多中继线圈 WPT 系统

圈阵列和单接收线圈系统的结构进行了设计。该结构保证充电效率在接收线圈位置发生变化时不会产生较大波动。实验数据显示，接收线圈在有效范围内移动时，充电效率保持在86％～89％之间。这个位置不敏感 WPT 系统如图 1-9(a)所示。文献[45]提出将一组沿直线排列的多发射线圈与串联调谐电容组合成一个发射谐振器阵列，并将该阵列中的发射线圈并联接入一个发射裂变电路。单个接收线圈采用"串联电容-并联电容"的双电容连接方式构成 LCC 型补偿接收线圈。针对多发射线圈并联接入发射裂变电路时，未与接收线圈产生耦合的发射线圈会产生电抗性电流的问题，Kibor Lee 研究团队设计了额外补偿电路以减少这种电抗性电流导致的裂变电路损耗，他们设计的电路可以根据各发射线圈与接收线圈的耦合强度关系自动调节馈入各发射线圈的电流，从而实现动态高效充电。该动态无线充电系统如图 1-9(b)所示。文献[46]设计了三个正交发射线圈的模型，并基于该模型提出了实现全向无线充电的基本控制方法。该方法通过控制馈入三个正交线圈的电流幅值来实现发射器周围球面磁场的均匀分布。该文献基于加权分时方案，提出了功率流控制策略，可使发送电能到达目标方位点，从而提升系统的整体性能。该全向无线充电系统如图 1-9(c)所示。

发射线圈阵列 I

发射线圈阵列 II

接收线圈

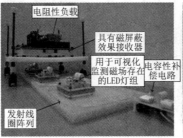

(a) 位置不敏感WPT系统　　　　(b) 动态无线充电系统　　　　(c) 全向无线充电系统

图 1-9　多发射单接收线圈 WPT 系统

在单发射平台对多接收设备的充电应用中（例如使用一个充电板为多个便携式电子设备充电）就利用了单发射线圈与多发射线圈的磁耦合技术。早期关于单发射多接收线圈WPT 系统的研究[47]提出，可以通过大尺寸发射线圈向多个小尺寸接收线圈传输电能，并通过加载集总电容来调谐各线圈，使其谐振至设定频率。然而，当两个或更多接收线圈靠近并产生强交叉耦合作用时，系统最优工作频率将发生频率分裂。为应对这一问题，可通过控制电路跟踪分裂的最优工作频率，进而调谐加载在接收线圈上的调谐电容，从而实现系统的最优 PTE。

上海交通大学密西根学院马澄斌教授团队对单发射多接收线圈 WPT 系统进行了深入研究[48, 49]。文献[48]基于电路模型，从单接收线圈 WPT 系统到双接收线圈 WPT 系统，再到一般的多接收线圈 WPT 系统，分别给出了最优负载、最优源阻抗、系统全局 PTE 的解析表达式，并讨论了功率分布的条件。该团队设计的多接收线圈优化负载分析实验如图 1-10(a)所示。文献[49]将最大效率点追踪法和时分复用法相结合，通过控制功率流向不同负载线圈来达到最大化系统全局 PTE 的目的。利用上述提出的方法，他们可以根据负载电阻和各耦合系数的情况，方便地优化系统全局 PTE 至最大值。该文献中提出的最大效率追踪和功率流控制方法的验证实验如图 1-10(b)所示。

然而，当多个发射线圈靠近接收线圈时，线圈间的交叉耦合将变得更加严重，从而严重影响负载获得功率（PDL）。为解决交叉耦合对多负载接收线圈获得功率流的影响，文献[50]提出了通过多频通路为多接收线圈传输电能的方案。在该方案中，研究者设计了具有基波和三次谐波频率的双频通道全桥裂变器和发射线圈，并通过该发射线圈将电能分别耦合到谐振于基波和三次谐波的两接收线圈上，构成了性能良好、去交叉干扰的双负载电能传输系统。该文献中的多频通道去交叉干扰系统如图 1-10(c)所示。

(a) 多接收线圈优化负载分析实验 (b) 最大效率追踪和功率流控制方法的验证实验 (c) 多频通道去交叉干扰系统

图 1-10 单发射多接收线圈 WPT 系统

在存在多发射多接收线圈阵列的 WPT 系统中，随着发射线圈和接收线圈数量的增加，电路耦合分析变得极为复杂。文献[51]对单发射多接收线圈 WPT 系统和多发射单接收线圈 WPT 系统进行了详细分析。

对于单发射多接收线圈 WPT 系统，研究表明，为实现系统的最大 PTE，供电源频率需要与多接收线圈的耦合有效谐振频率一致。然而，在多发射单接收线圈 WPT 系统中，仅需供电源频率与单个接收线圈的谐振频率一致，而无需与多发射线圈的耦合有效谐振频率保持一致，即可达到系统的最大 PTE。尽管如此，当系统达到最大 PTE 时，并不能确保系统能够传输最大 PDL。为优化系统以实现最大 PDL 传输，需要使多发射线圈的耦合有效谐振频率与单个接收线圈的谐振频率一致。这样，便可确保系统处于最佳 PDL 传输的同时保证总 PTE 达到最大值。

1.4　全书结构与内容安排

本书讨论的是磁耦合多线圈结构的 WPT 技术，后续章节中讨论的 WPT 系统均为磁耦合谐振式 WPT 系统。书中主要的分析理论包括传统的耦合 CT 和 BPFT。全书共 7 章，各章节内容安排如下。

第 1 章为绪论，概述了 WPT 技术的各种类型，介绍了经典磁耦合 WPT 系统的构成，同时还对国内外磁耦合 WPT 技术的发展现状、多线圈 WPT 系统的应用场景和技术特点进行了详细阐述。

第 2 章针对中距离 WPT 场景，介绍了采用四线圈 WPT 系统在最大 PTE 条件下实现设定 PDL 的 WPT。

第 3 章和第 4 章着重讨论多中继线圈 WPT 系统的分析方法。其中，第 3 章首先基于基尔霍夫电压定律分析两线圈系统的 WPT 特性，然后应用 BPFT 分析多中继线圈系统的 WPT 特性，最后将基于 BPFT 分析结果的线圈数量减少到两个，与基于基尔霍夫电压定律的分析结果进行对比和阐述。第 4 章通过引入三个参数因子，推导出清晰的关于插入一个中继线圈的 WPT 系统的 PTE 和 PDL 表达式。根据推导出的公式，第 4 章还提出了使用图表判别法获取关于 WPT 系统 PTE 和 PDL 的频率分裂判断方案。

第 5、6、7 章探讨了多发射单接收线圈 WPT 系统的参数优化设计方法。

第 5 章首先分析了多发射线圈 WPT 系统的 PTE，并给出了系统 PTE 的解析表达式；接着推导出在获得最大系统 PTE 时，各馈电电压比和各发射线圈与接收线圈间互感比需满足的约束条件；最后根据理论分析，设计了两个实验方案，以测试系统 PTE 与发射线圈个数和电能传输距离之间的关系。

第 6 章首先通过引入两个整合参数和馈电电压比的约束条件，利用基尔霍夫电压定律得出了多发射单接收线圈 WPT 系统获得最优 PTE 和 PDL 时的简洁表达式，以及获取最优 PTE 和 PDL 所对应的优化负载电阻；接着通过基尔霍夫电压定律推导出接收端反射电阻理论，利用接收端反射电阻理论便捷地获得系统最优 PTE 和 PDL 的计算表达式；最后通过数值计算与实验验证验证了两发射单接收、三发射单接收、四发射单接收线圈 WPT 系统算例理论分析的正确性。

第 7 章首先基于补偿电容串联的谐振收发电路，通过优化馈入各发射线圈的电流来提高系统 PDL 的输出；然后将多发射谐振器的串联补偿电容替换为串联电感/并联电容/串联电容（LCC）的补偿拓扑，并基于此 LCC 拓扑结构的耦合电路，实现了可调馈电电源电压及对应流入馈电线圈电流的最大 PDL 传输；接着对这两种优化电路方案进行分析与比较；最后进行理论计算和全波电磁仿真验证。

本 章 小 结

本章介绍了磁耦合 WPT 技术的发展现状以及磁耦合多线圈结构 WPT 技术的特点。首先介绍了磁耦合 WPT 技术的发展背景，旨在引出本章的主要内容；然后分别从国外和国内两个方面介绍了磁耦合 WPT 技术的发展现状；接着详细介绍了磁耦合多线圈结构 WPT 的分类、各类系统的技术特点和应用场景等方面；最后对全书结构与内容安排进行了简要的介绍，旨在帮助读者更好地理解全书的主要内容和结构安排。

参 考 文 献

[1] 张波，疏许健，黄润鸿.感应和谐振无线电能传输技术的发展[J].电工技术学报，2017，32(18):3-17.

[2] 疏许健，张波.感应耦合无线电能传输系统的能量法模型及特性分析[J].电力系统自动化，2017，41(2):28-32.

[3] 黄学良，曹伟杰，周亚龙，等.磁耦合谐振系统中的两种模型对比探究[J].电工技术学报，2013，28(S2):13-17.

[4] KURS A, KARALIS A, MOFFATT R, et al. Wireless Power Transfer via Strongly Coupled Magnetic Resonances[J]. Science, 2007, 317(5834):83-86.

[5] 王赢聪.磁耦合谐振式无线电能传输的多线圈模式研究[D].重庆大学，2019.

[6] 卢伟国，陈伟铭，李慧荣.多负载多线圈无线电能传输系统各路输出的恒压特性设计[J].电工技术学报，2019，34(6):1137-1147.

[7] 罗成鑫，丘东元，张波，等. 多负载无线电能传输系统[J]. 电工技术学报，2020，35 (12)：2499 – 2516.

[8] 吕月铭. 多线圈无线电能传输系统的效率问题及其传输策略研究[D]. 天津大 学，2019.

[9] ELLIOTT G A J, BOYS J T , GREEN A W. Magnetically coupled systems for power transfer to electric vehicles[C]. International Conference on Power Electronics and Drive Systems. PEDS 95, Singapore，1995，2：797 – 801.

[10] COVIC G A, BOYS J T , KISSIN M L G，et al. A three-phase inductive power transfer system for roadway-powered vehicles[J]. IEEE Transactions on Industrial Electronics，2007，54(6)：3370 – 3378.

[11] PEARCE M G S, COVIC G A, BOYS J T. Reduced ferrite double D pad for roadway IPT applications[J]. IEEE Transactions on Power Electronics，2021，5 (36)：5055 – 5068.

[12] IMURA T , OKABE H , UCHIDA T , et al. Wireless power transfer during displacement using electromagnetic coupling in resonance[J]. IEEJ Transactions on Industry Applications，2010，130(1)：76 – 83.

[13] IMURA T , HORI Y. Maximizing air gap and efficiency of magnetic resonant coupling for wireless power transfer using equivalent circuit and neumann formula [J]. IEEE Transactions on Industrial Electronics，2011，58(10)：4746 – 4752.

[14] KIANI M , GHOVANLOO M. The circuit theory behind coupled-mode magnetic resonance-based wireless power transmission[J]. IEEE Transactions on Circuits & Systems I Regular Papers，2012，59(9)：2065 – 2074.

[15] HOU X , KANG L , HU S , et al. Mutual inductance estimation of multiple input wireless power transfer for charging electronic equipment[J]. Journal of Physics Conference Series，2020，1617：012027.

[16] SESHADRI S , KAVITHA M , BOBBA P B. Effect of coil structures on performance of a four-coil WPT powered medical implantable devices[C]//2018 International Conference on Power，Instrumentation，Control and Computing (PICC). 2018.

[17] ZHANG H, GAO S P , NGO T , et al. Wireless power transfer antenna alignment using intermodulation for two-tone powered implantable medical devices[J]. IEEE Transactions on Microwave Theory and Techniques，2019：1708 – 1716.

[18] SONG Y , SUN X , WANG H , et al. Design of charging coil for unmanned aerial vehicle-enabled wireless power transfer[C]//2018 8th International Conference on

Power and Energy Systems (ICPES). IEEE, 2018.

[19] FENG J J, LI Q, LEE F. Load detection and power flow control algorithm for an omnidirectional wireless power transfer system [J]. IEEE Transactions on Industrial Electronics, 2022, 69(2):1422 - 1431.

[20] TANG W Y, ZHU Q, YANG J, et al. Simultaneous 3-D wireless power transfer to multiple moving devices with different power demands[J]. IEEE Transactions on Power Electronics, 2020, 35(5):4533 - 4546.

[21] PENG K, TANG X, MAI S P, et al. A simultaneous power and downlink data transfer system with pulse phase modulation[J]. IEEE Transactions on Circuits and Systems II: Express Briefs, 2019, 66(5):808 - 812.

[22] JUNG H, LEE B. Wireless power and bidirectional data transfer system for iot and mobile devices[J]. IEEE Transactions on Industrial Electronics, 2022, 69(11): 11832 - 11836.

[23] WANG P, SUN Y, FENG T, et al, Simultaneous wireless power and data transfer system with full-duplex mode based on double-side LCCL and dual-notch filter[J] IEEE Journal of Emerging and Selected Topics in Power Electronics, 2022, 10(3), 3140 - 3151.

[24] LUO B, HU A P, MUNIR H, et al. Compensation network design of cpt systems for achieving maximum power transfer under coupling voltage constraints[J]. IEEE Journal of Emerging and Selected Topics in Power Electronics, 2022, 10(1), 138 - 148.

[25] MAZLI M S, FAUZI W N N W, KHAN S, et al. Inductive & capacitive wireless power transfer system[C]//2018 7th International Conference on Computer and Communication Engineering (ICCCE). IEEE, 2018.

[26] WANG L, MADAWALA U K, ZHANG J, et al. A new bidirectional wireless power transfer topology[J]. IEEE Transactions on Industry Applications, 2022, 58 (1), 1146 - 1156.

[27] 傅文珍, 张波, 丘东元, 等. 自谐振线圈耦合式电能无线传输的最大效率分析与设计 [J]. 中国电机工程学报, 2009, 29(18):21 - 26.

[28] 傅文珍, 张波, 丘东元, 等. 串并联谐振共振耦合式无线电能传输性能的比较分析 [C]//ABB 杯第三届全国自动化系统工程师论文大赛论文集. 2008.

[29] 傅文珍, 张波, 丘东元. 频率跟踪式谐振耦合电能无线传输系统研究[J]. 变频器世界, 2009(8):41 - 46.

[30] 朱春波, 于春来, 毛银花, 等. 磁共振无线能量传输系统损耗分析[J]. 电工技术学报, 2012, 27(4):13 - 17.

[31] 张剑韬，朱春波，陈清泉. 应用于无尾家电的非接触式无线能量传输技术[J]. 电工技术学报，2014，29(9)：33 - 37.

[32] 雷阳，张剑韬，宋凯，等. 多负载无线电能传输系统的稳定性分析[J]. 电工技术学报，2015(S1)：187 - 192.

[33] YANG Q X，ZHANG X，CHEN H Y，et al. Direct field-circuit coupled analysis and corresponding experiments of electromagnetic resonant coupling system[J]. IEEE Transactions on Magnetics，2012，48(11)：3961 - 3964.

[34] 张献，杨庆新，陈海燕，等. 电磁耦合谐振式传能系统的频率分裂特性研究[J]. 中国电机工程学报，2012，32(9)：167 - 172.

[35] TAN L L，HUANG X L，HUANG H，et al. Transfer efficiency optimal control of magnetic resonance coupled system of wireless power transfer based on frequency control[J]. 中国科学：技术科学英文版，2011，54(6)：1428 - 1434.

[36] TAN L L，LI C，LI J，et al. Mesh-based accurate positioning strategy of ev wireless charging coil with detection Coils[J]. IEEE Transactions on Industrial Informatics，2020，17(5)：3176 - 3185.

[37] HAMAM R E，KARALIS A，JOANNOPOULOS J D，et al. Efficient weakly-radiative wireless energy transfer：An EIT-like approach[J]. Annals of Physics，2009，324(8)：1783 - 1795.

[38] RAMRAKHYANI A K，LAZZI G. On the design of efficient multi-coil telemetry system for biomedical implants[J]. IEEE Transactions on Biomedical Circuits and Systems，2013，7(1)：11 - 23.

[39] 任立涛. 磁耦合谐振式无线能量传输功率特性研究[D]. 哈尔滨工业大学，2009.

[40] 黄智慧，王林，邹积岩. 双中继和三中继线圈位置参数对无线电能传输功率的影响[J]. 电工技术学报，2017，32(5)：208 - 214.

[41] LUO B，WU S，ZHOU N. Flexible design method for multi-repeater wireless power transfer system based on coupled resonator bandpass filter model[J]. IEEE Transactions on Circuits & Systems I Regular Papers，2014，61(11)：3288-3297.

[42] AHN D，HONG S. A Transmitter or a receiver consisting of two strongly coupled resonators for enhanced resonant coupling in wireless power transfer[J]. IEEE Transactions on Industrial Electronics，2014，61(3)：1193 - 1203.

[43] ZHONG W X，LEE C K，HUI S Y. Wireless power domino-resonator systems with noncoaxial axes and circular structures[J]. IEEE Transactions on Power Electronics，2012，27(11)：4750 - 4762.

[44] ZHONG W X，LIU X，Hui S R A. A novel single-layer winding array and receiver

coil structure for contactless battery charging systems with free-positioning and localized charging features[J]. IEEE Transactions on Industrial Electronics，2011，58(9):4136 - 4144.

[45] LEE K，PANTIC Z，LUKIC S M. Reflexive field containment in dynamic inductive power transfer systems[J]. IEEE Transactions on Power Electronics，2014，29(9):4592 - 4602.

[46] ZHANG C，LIN D，HUI S Y. Basic control principles of omnidirectional wireless power transfer[J]. IEEE Transactions on Power Electronics，2016，31(7):5215 - 5227.

[47] CANNON B L，HOBURG J F，STANCIL D D，et al. Magnetic resonant coupling as a potential means for wireless power transfer to multiple small receivers [J]. IEEE Transactions on Power Electronics，2009，24(7):1819 - 1825.

[48] FU M，ZHANG T，MA C B，et al. Efficiency and optimal loads analysis for multiple-receiver wireless power transfer systems[J]. IEEE Transactions on Microwave Theory & Techniques，2015，63(3):801 - 812.

[49] FU M，HE Y，MA C B. Megahertz multiple-receiver wireless power transfer systems with power flow management and maximum efficiency point tracking[J]. IEEE Transactions on Microwave Theory & Techniques，2017，PP(11):1 - 9.

[50] PANTIC Z，LEE K，LUKIC S M. Receivers for multifrequency wireless power transfer: design for minimum interference[J]. IEEE Journal of Emerging & Selected Topics in Power Electronics，2015，3(1):234 - 241.

[51] AHN D，HONG S. Effect of coupling between multiple transmitters or multiple receivers on wireless power transfer[J]. IEEE Transactions on Industrial Electronics，2013，60(7):2602 - 2613.

第2章　四线圈 WPT 系统输入输出端线圈匹配技术

2.1　引　言

在中距离电能传输领域，四线圈级联结构磁谐振耦合被认为是一种有效的 WPT 方式。PTE 和 PDL 是衡量系统无线传输性能的两个重要指标。在实际应用中，目标是在最大 PTE 条件下实现设定 PDL 电能传输，本章旨在研究利用四线圈 WPT 系统来实现这一目标的方法。首先，通过 CT 确定在最大 PTE 时输出端的最优负载匹配条件；其次，通过调节源线圈与发射线圈之间的距离来满足设定 PDL 的电能输出要求，并与未匹配系统相比，推导出匹配系统中负载谐振器对 PTE(PDL)造成的损耗的表达式；最后，通过全波电磁仿真和实验测量验证理论计算结果的正确性。

2.2　系统电路分析

图 2-1 所示为多线圈 WPT 系统的等效电路，该电路中的每个谐振回路是由一个电感与匹配调谐电容等效而来，回路中的电感 $L_i(i=m,m+1,\cdots,m+n$，m 与 n 均为正整数)是线圈的等效自感，$k_{i,i+1}$ 是等效电感为 L_i 与 L_{i+1} 的两线圈间的耦合系数，电阻 R_i 为构成谐振器的线圈的等效损耗电阻，电容 C_i 是串联到线圈自感上构成谐振器 L_i-C_i 的匹配调谐电容。线圈 m 和线圈 $m+n$ 分别连接馈电源和负载电阻。R_L、R_S、V_S 分别为外接负载电阻、电源内阻、馈电源的均方根电压，ω 为 WPT 系统的工作角频率。

在本章中我们用基尔霍夫电压定律(Kirchhoff's Voltage Law，KVL)列出下式：

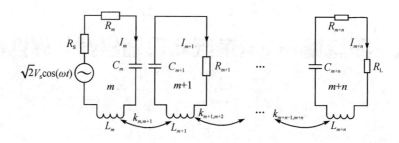

图 2-1　多线圈 WPT 系统的等效电路

$$\begin{bmatrix} V_S \\ 0 \\ \vdots \\ 0 \end{bmatrix} = \begin{bmatrix} R_S + R_m & j\omega_0 M_{m,m+1} & \cdots & j\omega_0 M_{m,m+n} \\ j\omega_0 M_{m,m+1} & R_{m+1} & \cdots & j\omega_0 M_{m+1,m+n} \\ \vdots & \vdots & & \vdots \\ j\omega_0 M_{m,m+n} & j\omega_0 M_{m+1,m+n} & \cdots & R_{m+n} + R_L \end{bmatrix} \times \begin{bmatrix} I_m \\ I_{m+1} \\ \vdots \\ I_{m+n} \end{bmatrix} \qquad (2-1)$$

式中，$M_{i,i+1}$ 是等效电感为 L_i 和 L_{i+1} 的两线圈间的互感，$M_{i,i+1} = k_{i,i+1}\sqrt{L_i L_{i+1}}$；$\omega_0$ 表示每个线圈的自谐振角频率。

解式(2-1)中的矩阵方程，可得到图 2-1 中多线圈 WPT 系统中各 L_i-C_i 上的电流 I_i。PDL 和各线圈损耗的功率分别表示为 PDL$= R_L | I_{m+n} |^2$ 和 $P_i = R_i | I_i |^2$。由能量守恒定律可得，系统总的输入功率为 $P_{IN} = \sum\limits_{i=m}^{m+n} P_i + \text{PDL}$。WPT 系统的 PTE 计算如下：

$$\text{PTE} = \frac{\text{PDL}}{P_{IN}} = \frac{R_L}{\sum\limits_{i=m}^{m+n-1} R_i \left| \dfrac{I_i}{I_{m+n}} \right|^2 + R_{m+n} + R_L} \qquad (2-2)$$

图 2-2(a)～(d)所示为 4 种线圈耦合结构的输能方案。变量 k_{23}、k_{34}、k_{12} 分别为发射线圈与接收线圈间传输耦合系数、负载线圈与接收线圈匹配耦合系数及源线圈与发射线圈匹配耦合系数；变量 D_{TR}、D_{LM} 和 D_{SM} 分别为发射线圈与接收线圈间传输距离、负载线圈与接收线圈匹配耦合距离及源线圈与发射线圈匹配耦合距离。Tr 是等效电感为 L_2 的发射线圈与电容 C_2 构成的发射谐振器 L_2-C_2，Rr 是等效电感为 L_3 的接收线圈与电容 C_3 构成的接收谐振器 L_3-C_3，Sr 是等效电感为 L_1 的源线圈与电容 C_1 构成的源端匹配谐振器 L_1-C_1，Lr 是等效电感为 L_4 的负载线圈与电容 C_4 构成的负载端匹配谐振器 L_4-C_4。

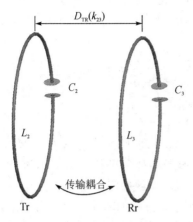

(a) 获得最大PTE传输的两线圈耦合结构

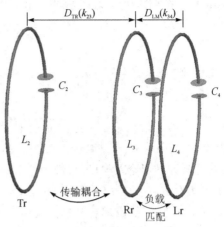

(b) 获得最大PTE传输的三线圈耦合结构

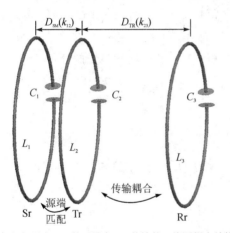

(c) 获得设定PDL并以最大PTE传输的三线圈耦合结构

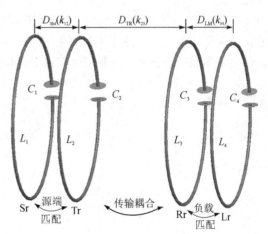

(d) 获得设定PDL并以最大PTE传输的四线圈耦合结构

图 2 - 2　4 种线圈耦合结构的输能方案

2.2.1　最大传输效率的分析

方案 1(case 1，两线圈耦合结构＋最优负载电阻)。该方案的系统仅由发射谐振器 L_2-C_2 和接收谐振器 L_3-C_3 组成，如图 2 - 2(a)所示。在该方案中，式(2-1)中 $m=2$，$n=1$，为获得最大 PTE，需在接收谐振器 L_3-C_3 上串联能达到最大 PTE 的最优负载电阻 $R_{L,OPT}$。通过求解式(2-1)得各谐振器上的电流 I_i，并将其代入式(2-2)求解 $d(PTE)/d(R_L)=0$，可得到 $R_{L,OPT}$。用于计算最大 PTE 的电流比 I_2/I_3 和所需加载的最优负载电阻 $R_{L,OPT}$ 的表达式、用于计算 PDL 的接收谐振器上电流 I_3 的表达式分别如下：

$$\frac{I_2}{I_3} = \frac{\mathrm{j}(R_3 + R_\mathrm{L})}{\omega_0 M_{23}} \tag{2-3a}$$

$$R_\mathrm{L,\,OPT} = R_3 \sqrt{1 + \frac{(\omega_0 M_{23})^2}{R_2 R_3}} \tag{2-3b}$$

$$I_3 = \frac{-\mathrm{j} V_S \omega_0 M_{23}}{(R_2 + R_S)(R_3 + R_\mathrm{L}) + (\omega_0 M_{23})^2} \tag{2-3c}$$

用式(2-3b)中的 $R_\mathrm{L,\,OPT}$ 替换式(2-2)和式(2-3a)中的 R_L，在 R_2、R_3、M_{23} 给定的情况下，获得该方案理论上 PTE 的最大值 $\mathrm{PTE_{case1}}$。该方案对应的 PDL 可表示为 $\mathrm{PDL_{case1}} = R_\mathrm{L,\,OPT} |I_3|^2$，在 R_2、R_3、M_{23}、V_S 给定后，$\mathrm{PDL_{case1}}$ 值就能被确定。

方案 2(case 2，三线圈耦合结构+定值负载电阻)。该方案的系统由发射谐振器 L_2-C_2、接收谐振器 L_3-C_3 和负载端匹配谐振器 L_4-C_4 组成，如图 2-2(b)所示。在该方案中，式(2-1)中 $m = 2$，$n = 2$，负载端匹配谐振器 L_4-C_4 上串联接入定值负载电阻 $R_\mathrm{L,\,FIX}$，可通过调节 L_4-C_4 与 L_3-C_3 间的耦合系数 $D_\mathrm{LM}(k_{34})$ 使 $R_\mathrm{L,\,FIX}$ 与方案 1 中的 $R_\mathrm{L,\,OPT}$ 相同。该方案可获得加载定值负载电阻到系统接收侧情况下的最大 PTE，表示为 $\mathrm{PTE_{case2}}$。相比于相邻谐振器间的耦合强度，非相邻谐振器间的耦合可忽略，从而简化系统的分析。将方案 1 中 $m = 2$，$n = 1$ 代入式(2-1)，也将方案 2 中 $m = 2$，$n = 2$ 代入式(2-1)，并将得到的两个式子联合，可解得负载端匹配互感 M_{34} 为

$$M_{34} = \frac{\sqrt{R_\mathrm{L,\,OPT}(R_4 + R_\mathrm{L,\,FIX})}}{\omega_0} \tag{2-4}$$

式(2-4)中的 M_{34} 与 k_{34} 的关系为 $M_{34} = k_{34}\sqrt{L_3 L_4}$。用于计算 $\mathrm{PTE_{case2}}$ 的电流比 I_2/I_4、I_3/I_4 以及用于计算 $\mathrm{PDL_{case2}}(= R_\mathrm{L,\,FIX} |I_4|^2)$ 的电流 I_4 可由式(2-1)得到，即

$$\frac{I_2}{I_4} = \frac{\mathrm{j} R_3}{\omega_0 M_{23}} \frac{I_3}{I_4} - \frac{M_{34}}{M_{23}} \tag{2-5a}$$

$$\frac{I_3}{I_4} = \frac{\mathrm{j}(R_4 + R_\mathrm{L,\,FIX})}{\omega_0 M_{34}} \tag{2-5b}$$

$$I_4 = \frac{-V_S \omega_0^2 M_{23} M_{34}}{\omega_0^2 \left[M_{23}^2 (R_4 + R_\mathrm{L,\,FIX}) + M_{34}^2 (R_S + R_2) \right] + R_3 (R_S + R_2)(R_4 + R_\mathrm{L,\,FIX})} \tag{2-5c}$$

当 $R_i(i = 2,3,4)$、$R_\mathrm{L,\,FIX}$、M_{23}、R_S 确定时，将式(2-2)中的 R_L 替换为 $R_\mathrm{L,\,FIX}$ 并与式(2-5a)和式(2-5b)联立，解得该方案理论上 PTE 的最大值 $\mathrm{PTE_{case2}}$。同样将式(2-5c)代入 $\mathrm{PDL_{case2}} = R_\mathrm{L,\,FIX} |I_4|^2$，得到在 $R_i(i = 2,3,4)$、$R_\mathrm{L,\,FIX}$、M_{23}、R_S、V_S 已知情况下 $\mathrm{PDL_{case2}}$ 的值。

在实际应用中，需要系统在尽可能大的 PTE 条件下实现设定 PDL 的电能传输，文献[1]~文献[3]中采用源端匹配电感来实现网络输入阻抗与电源内阻的匹配。在下一节

中，我们将主要探讨如何使用源端匹配谐振器实现系统设定 PDL 的电能传输。

2.2.2　最大传输效率条件下设定负载获得功率的分析

方案 3(case 3，三线圈耦合结构＋最优负载电阻)。该方案的系统由发射谐振器 L_2-C_2、接收谐振器 L_3-C_3 和源端匹配谐振器 L_1-C_1 组成，如图 2 - 2(c)所示。在该方案中，式(2 - 1)中 $m=1$，$n=2$，源端匹配谐振器 L_1-C_1 上串联接入馈电源，可通过调节 L_1-C_1 与 L_2-C_2 间的耦合系数 $D_{SM}(k_{12})$ 来获得设定负载获得功率 $\mathrm{PDL_{SET}}$。在接收谐振器 L_3-C_3 上串联接入最优负载电阻 $R_{L,OPT}$ 以获得该系统的最大传输效率 $\mathrm{PTE_{case3}}$。将式(2 - 1)中的 R_L 替换为 $R_{L,OPT}$ 并解该式得 I_3、I_2/I_3、I_1/I_3 分别为

$$I_3 = \frac{-V_S\omega_0^2 M_{12}M_{23}}{\omega_0^2\left[M_{12}^2(R_3+R_{L,OPT})+M_{23}^2(R_S+R_1)\right]+R_2(R_S+R_1)(R_3+R_{L,OPT})} \quad (2-6a)$$

$$\frac{I_2}{I_3} = \frac{\mathrm{j}(R_3+R_{L,OPT})}{\omega_0 M_{23}} \quad (2-6b)$$

$$\frac{I_1}{I_3} = \frac{\mathrm{j}R_2}{\omega_0 M_{12}}\frac{I_2}{I_3}-\frac{M_{23}}{M_{12}} \quad (2-6c)$$

将式(2 - 6a)代入 $\mathrm{PDL_{SET}}=R_{L,OPT}\left|I_3\right|^2$，可得 $\mathrm{PDL_{SET}}$ 为

$$\mathrm{PDL_{SET}} = R_{L,OPT}\left|\frac{V_S\omega_0^2 M_{12}M_{23}}{\left\{\begin{array}{l}\omega_0^2\left[M_{12}^2(R_3+R_{L,OPT})+M_{23}^2(R_S+R_1)\right]\\+R_2(R_S+R_1)(R_3+R_{L,OPT})\end{array}\right\}}\right|^2 \quad (2-7)$$

用于调节获得 $\mathrm{PDL_{SET}}$ 的源端匹配互感 M_{12} 可通过解下式得到：

$$M_{12} = \frac{V_S\omega_0 M_{23}\sqrt{R_{L,OPT}}\pm\sqrt{\left\{\begin{array}{l}(V_S\omega_0 M_{23})^2 R_{L,OPT}-4\mathrm{PDL_{SET}}(R_3+R_{L,OPT})(R_S+R_1)\\ \left[R_2(R_3+R_{L,OPT})+(\omega_0 M_{23})^2\right]\end{array}\right\}}}{2\omega_0(R_3+R_{L,OPT})\sqrt{\mathrm{PDL_{SET}}}}$$

$$(2-8)$$

将式(2 - 2)中的 R_L 替换为 $R_{L,OPT}$，然后联立该式与式(2 - 6b)、式(2 - 6c)和式(2 - 8)，得到在 $R_i(i=1,2,3)$、M_{23}、R_S、V_S、$\mathrm{PDL_{SET}}$ 已知情况下 $\mathrm{PTE_{case3}}$ 的值。

方案 4(case 4，四线圈耦合结构＋定值负载电阻)。该方案的系统由发射谐振器 L_2-C_2、接收谐振器 L_3-C_3、源端匹配谐振器 L_1-C_1 和负载端匹配谐振器 L_4-C_4 组成，如图 2 - 2(d)所示。在该方案中，式(2 - 1)中 $m=1$，$n=3$，在谐振器 L_1-C_1 和 L_4-C_4 上分别串联接入馈电源和定值负载电阻，它们分别起着控制传输功率和匹配定值负载电阻到最优负载电阻的作用。该方案可在加载定值负载电阻和最大 PTE 条件下获得设定 PDL 的电能传输。通过解式(2 - 1)，得到 I_1/I_4、I_2/I_4、I_3/I_4、I_4 分别为

$$\frac{I_1}{I_4} = \frac{jR_2}{\omega_0 M_{12}} \frac{I_2}{I_4} - \frac{M_{23}}{M_{12}} \frac{I_3}{I_4} \tag{2-9a}$$

$$\frac{I_2}{I_4} = \frac{jR_3}{\omega_0 M_{23}} \frac{I_3}{I_4} - \frac{M_{34}}{M_{23}} \tag{2-9b}$$

$$\frac{I_3}{I_4} = \frac{j(R_4 + R_{L, FIX})}{\omega_0 M_{34}} \tag{2-9c}$$

$$I_4 = \frac{jV_S \omega_0^3 M_{12} M_{23} M_{34}}{\omega_0^4 M_{12}^2 M_{34}^2 + \omega_0^2 \left[\begin{matrix} M_{12}^2 R_3 (R_4 + R_L) + M_{34}^2 R_2 (R_1 + R_S) \\ + M_{23}^2 (R_1 + R_S)(R_4 + R_L) \end{matrix} \right]} \tag{2-9d}$$

将式（2-2）的 R_L 替换为 $R_{L, FIX}$，然后联立该式与式（2-9a）、式（2-9b）、式（2-9c）、式（2-4）和式（2-8），得到在 $R_i (i=1, 2, 3, 4)$、M_{23}、$R_{L, FIX}$、R_S、V_S、PDL_{SET} 已知情况下 PTE_{case4} 的值。

为获得方案 4 在加载定值负载电阻 $R_{L, FIX}$ 和最大 PTE 条件下获得设定 PDL 的电能传输，按如下三个步骤进行：

（1）通过公式（2-3b）求解不同传输距离 D_{TR} 上能获得最大 PTE 的最优负载电阻 $R_{L, OPT}$；

（2）通过式（2-4）求得能将定值负载电阻 $R_{L, FIX}$ 变换到最优负载电阻 $R_{L, OPT}$ 的负载端匹配互感 M_{34}；

（3）根据应用场景的需要设定 PDL_{SET}，通过公式（2-8）求得源端匹配互感 M_{12}。

2.3　计算实例

在已经出版的许多文献中，WPT 系统由若干个相同尺寸的线圈构成[4-6]。本章中构成线圈的铜管的尺寸参数及对应的符号分别为环半径 r、铜管横截面半径 a、管壁厚度 h；谐振器的电气参数及对应的符号分别为自电感 L、加载集中电容 C、整个谐振器的寄生电阻 R_{total}（包括铜环电阻 R_{loop} 和电容器等效串联电阻 R_C）；每个谐振器的自谐振频率为 f_0，其与 ω_0 的关系为 $f_0 = \omega_0/2\pi$。上述具体参数值列于表 2-1 中。

表 2-1　铜管的尺寸参数与谐振器的电气参数

a/mm	h/mm	r/cm	f_0/kHz	R_{total}/Ω	R_{loop}/Ω	L/μH	C/nF
5	1	33.1	889.4	0.189	0.0416	1.776	18

在本章中，馈电源的均方根电压 $V_S = 20\sqrt{2}$ V，电源内阻 $R_S = 0.5$ Ω，方案 2 和方案 4

中给出的定值负载电阻 $R_{\text{L, FIX}} = 5\ \Omega$。当线圈共轴平行放置且相距 D 时，两者间的互感为

$$M_{ij} = \frac{2r\sqrt{L_i L_j}}{[\ln(8r/a) - 2]\sqrt{D^2 + 4r^2}} \times \int_0^{\pi/2} \frac{(2\sin^2\phi - 1)\mathrm{d}\phi}{\sqrt{1 - 4r^2\sin^2\phi/(D^2 + 4r^2)}} \qquad (2-10)$$

式中，ϕ 为一个数学参量，其在 $0 \sim \dfrac{\pi}{2}$ 内对式中的被积函数进行积分运算。

2.3.1　最大传输效率的计算

图 2-3 绘出只考虑最大 PTE 而没考虑 PDL 的方案 1 和方案 2 情况，从图 2-3(a)可以看出，随着 D_{TR} 的增加，最优负载电阻 $R_{\text{L, OPT}}$ 会收敛于 $R_3(=R_{\text{total}} = 0.189\ \Omega)$。例如，在 D_{TR} 远至 2 m 处，$R_{\text{L, OPT}}$ 缩减至 $0.1896\ \Omega$。方案 1 和方案 2 中的最大 PTE 如图 2-3(b)所示，对比这两个方案可知，方案 2 中负载端匹配谐振器 L_4-C_4 引入的效率损耗为 $\text{PTE}_4 = \text{PTE}_{\text{case1}} - \text{PTE}_{\text{case2}}$。类似地，图 2-3(c)所示的方案 2 中 L_4-C_4 引入的功率损耗 $P_4 = \text{PDL}_{\text{case1}} - \text{PDL}_{\text{case2}}$。从图 2-3(b)和(c)可知，方案 1 中的 PTE 和 PDL 与方案 2 中的基本相同，原因是本实验选定的谐振器的电阻 R_4 远小于定值负载电阻 $R_{\text{L, FIX}}$，L_4-C_4 引入的效率损耗会随着 D_{TR} 的增大而下降，而功率损耗在 $D_{\text{TR}} = 0.3$ m 处出现最大值 4.4206 W。L_4-C_4 引入的损耗（效率损耗和功率损耗）与未匹配系统的 PTE(PDL)的定量关系推导如下。

将式(2-1)中 R_L 用 $R_{\text{L, OPT}}$ 替换，并解此式得最优负载电阻 $R_{\text{L, OPT}}$ 和 I_4 分别为

$$R_{\text{L, OPT}} = \frac{(\omega_0 M_{34})^2}{R_4 + R_{\text{L, FIX}}} \qquad (2-11a)$$

$$I_4 = \frac{\omega_0 M_{34}}{\mathrm{j}(R_4 + R_{\text{L, FIX}})}I_3 \qquad (2-11b)$$

将式(2-11a)的最优负载电阻代入方案 1 的 $\text{PDL}_{\text{case1}}$ 得

$$\text{PDL}_{\text{case1}} = \frac{(\omega_0 M_{34})^2}{R_4 + R_{\text{L, FIX}}}|I_3|^2 \qquad (2-12)$$

负载端匹配谐振器 L_4-C_4 引入的功率损耗 P_4 为

$$\begin{aligned}
\text{PDL}_{\text{case1}} - \text{PDL}_{\text{case2}} &= P_4 \\
&= R_4|I_4|^2 \\
&= \frac{R_4}{R_4 + R_{\text{L, FIX}}}\frac{(\omega_0 M_{34})^2}{R_4 + R_{\text{L, FIX}}}|I_3|^2 \\
&= \frac{R_4}{R_4 + R_{\text{L, FIX}}}\text{PDL}_{\text{case1}} \qquad (2-13a)
\end{aligned}$$

由式(2-13a)得 $\text{PDL}_{\text{case2}}$ 关于 $\text{PDL}_{\text{case1}}$ 的表示式为

$$\text{PDL}_{\text{case2}} = \frac{R_{\text{L, FIX}}}{R_4 + R_{\text{L, FIX}}}\text{PDL}_{\text{case1}} \qquad (2-13b)$$

在方案 1 和方案 2 所述的两种情况下，流入二端口网络输入端口的功率相同，因此方案 2 中的传输效率 $\text{PTE}_{\text{case2}}$ 和 $L_4\text{-}C_4$ 引入的效率损耗 PTE_4 与方案 1 中的传输效率 $\text{PTE}_{\text{case1}}$ 的关系如下：

$$\text{PTE}_{\text{case1}} - \text{PTE}_{\text{case2}} = \text{PTE}_4 = \frac{R_4}{R_4 + R_{\text{L, FIX}}}\text{PTE}_{\text{case1}} \qquad (2-14\text{a})$$

$$\text{PTE}_{\text{case2}} = \frac{R_{\text{L, FIX}}}{R_4 + R_{\text{L, FIX}}}\text{PTE}_{\text{case1}} \qquad (2-14\text{b})$$

从式 $(2-13\text{b})$ 和 $(2-14\text{b})$ 知，当 $R_{\text{L, FIX}} \gg R_4$ 时，$\text{PDL}_{\text{case2}}$ 和 $\text{PTE}_{\text{case2}}$ 分别约等于 $\text{PDL}_{\text{case1}}$ 和 $\text{PTE}_{\text{case1}}$，$L_4\text{-}C_4$ 引入的损耗可以用式 $(2-13\text{a})$ 和式 $(2-14\text{a})$ 解释。

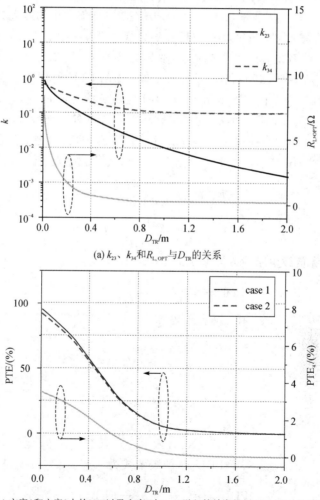

(a) k_{23}、k_{34} 和 $R_{\text{L, OPT}}$ 与 D_{TR} 的关系

(b) 方案1和方案2中的PTE以及方案2中 $L_4\text{-}C_4$ 引入的效率损耗 PTE_4 与 D_{TR} 的关系

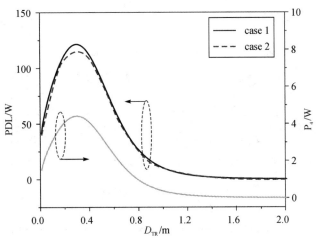

(c) 方案1和方案2中的PDL以及方案2中L_4-C_4引入的功率损耗P_4与D_{TR}的关系

图 2 - 3　最大化 PTE 方案

2.3.2　最大传输效率条件下设定负载获得功率的计算

在方案 3 和方案 4 实现最大 PTE 条件下，可实现设定 PDL 电能传输的目标。本节设定两个 PDL_{SET} 值，即 PDL_{SET} = 10 W 和 PDL_{SET} = 20 W，首先给出方案 1 与方案 3 的效率差 PTE_{case1} － PTE_{case3}、谐振器 L_1-C_1 引入的效率损耗 PTE_1 以及 PTE_{case1} － PTE_{case3} = PTE_1 的计算和验证过程。由于输入方案 3 中系统的功率不同于输入方案 1 中系统的功率，因此方案 3 中 L_1-C_1 引入的功率损耗不是基于方案 1 的，图 2 - 4 绘出了方案 3 的计算结果。

图 2 - 4

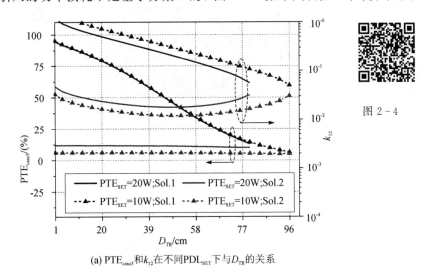

(a) PTE_{case3}和k_{12}在不同PDL_{SET}下与D_{TR}的关系

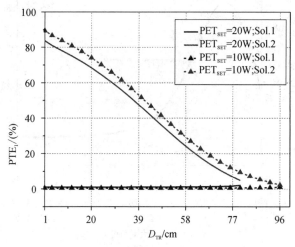

(b) PTE$_1$在不同PDL$_{SET}$下与D_{TR}的关系

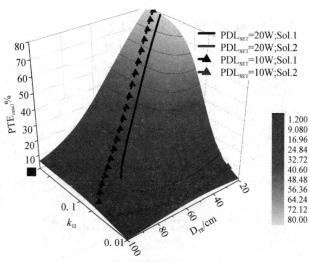

(c) PTE$_{case3}$在不同PDL$_{SET}$下与k_{12}和D_{TR}的关系

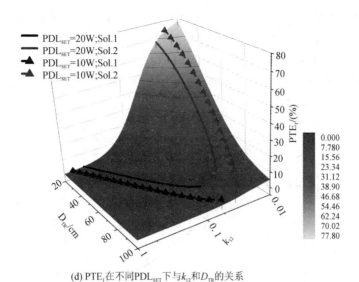

(d) PTE_1 在不同 PDL_{SET} 下与 k_{12} 和 D_{TR} 的关系

图 2-4　方案 3 的计算结果

根据式(2-8)可知，一个确定的 PDL_{SET} 值会得到两组 M_{12} 值，进一步可得到 k_{12}，对应图 2-4 中的 Sol.1 和 Sol.2。由于耦合系数的上限为 1，根据此上限值能够剔除理论分析中给出的不合理的匹配距离，因此我们将 M_{12} 转换成 k_{12} 来阐述本节内容。PTE_{case3} 和 k_{12} 在不同 PDL_{SET} 下与 D_{TR} 的关系如图 2-4(a)所示。在 $PDL_{SET} = 10$ W 情况下，由式(2-8)得到的 k_{12} 的两组实数解所对应的有效距离 D_{TR} 最远达 97 cm；而在 $PDL_{SET} = 20$ W 情况下，由式(2-8)得到的 k_{12} 的两组实数解所对应的有效距离 D_{TR} 最远达 81 cm，这个结果表明，有效传输距离 D_{TR} 随着 PDL_{SET} 的增大而减小。由于 $PDL_{SET} = 10$ W 和 $PDL_{SET} = 20$ W 两种情况分别对应当 $D_{TR} < 12$ cm 和 $D_{TR} < 4$ cm 时，由式(2-8)计算得到的 k_{12} 的第一个解(图中标记为 Sol.1)会大于耦合系数的上限值 1，因此对于这两个 PDL_{SET}，由第一个解算得的有效传输距离分别开始于 12 cm 和 4 cm。PTE_{case3} 随着 k_{12} 的增大而增大，对于不同的 PDL_{SET}，由 Sol.1 获得的 PTE_{case} 的差别很小，这说明对于不同的 PDL_{SET}，系统的 PTE 基本相同。PTE_{case3} 与源端匹配系数 k_{12} 和传输距离 D_{TR} 的关系如图 2-4(c)所示。在 D_{TR} 确定后，解得的较大的一组 k_{12} 会对应到较大的 PTE_{case3}。

图 2-4(b)给出了谐振器 L_1-C_1 引入的效率损耗 PTE_1 与 D_{TR} 的关系。由图可知，PTE_1 在确定的 D_{TR} 处随着 k_{12} 的增大而减小，原因是 PTE_{case1} 在 D_{TR} 确定后是定值，而 PTE_{case3} 随着 k_{12} 的增大而增大。图 2-4(d)直观地绘出效率损耗 PTE_1 与 k_{12} 和 D_{TR} 的三维关系图。图 2-4(a)和(b)表明，由 Sol.1 获得的 PTE_{case3} 较大而效率损耗 PTE_1 较小，因此在下一节中，我们将基于 Sol.1 的计算值进行全波电磁仿真和实验测量。

在方案 3 的基础上，在谐振器 L_3-C_3 后加上负载端匹配谐振器 L_4-C_4，用于将定值负

载电阻 $R_{L, FIX}$ 转化为最优负载电阻 $R_{L, OPT}$，此处 L_4-C_4 的作用与方案 2 中 L_4-C_4 的相同。L_4-C_4 的效率损耗 PTE'_4 和功率损耗 P'_4 与 D_{TR} 的关系如图 2-5 所示。这里的 PTE'_4、P'_4 与方案 3 的 PTE_{case3}、PDL_{SET} 的定量关系分别为 $PTE'_4 = PTE_{case3} \times R_4/(R_4 + R_{L, FIX})$、$P'_4 = PDL_{SET} \times R_4/(R_4 + R_{L, FIX})$。方案 4 中的 PTE_{case4} 和 PDL_{case4} 由式 $PTE_{case4} = PTE_{case3} - PTE'_4$ 和 $PDL_{case4} = PDL_{SET} - P'_4$ 得到。

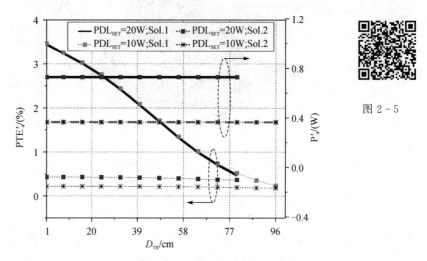

图 2-5

图 2-5　方案 4 中 L_4-C_4 引入的效率损耗 PTE'_4 和功率损耗 P'_4 与 D_{TR} 的关系

2.4　模型实现与实验测量

为证明本章提出的调谐方法的有效性，方案 4 的计算结果通过全波电磁仿真和实验测量来验证。图 2-6 为实验测量系统，测量仪器为矢量网络分析仪（Vector Network Analyser，VNA），基于 $Z_0 = 50\ \Omega$ 的端口阻抗值，矢量网络分析仪测得电能传输系统等效网络的 S 参数。利用这些 S 参数通过转化计算可得该网络两端加载任意电源内阻 R_S 和负载电阻 R_L 时系统的 PTE 和 PDL[7,8]，转化计算的示意图见图 2-7，转化计算的公式如下：

$$PDL = \frac{|V_S|^2}{4Z_0} \frac{|S_{21}|^2 (1 - |\Gamma_L|^2)(1 - |\Gamma_S|^2)}{|1 - S_{22}\Gamma_L|^2 |1 - \Gamma_S \Gamma_{IN}|^2} \tag{2-15a}$$

$$PTE = \frac{PDL}{Re\left[V_S\left(\dfrac{V_S}{R_S + Z_{IN}}\right)^*\right]} \tag{2-15b}$$

式中，Z_{IN} 为网络的输入端口的输入阻抗，Γ_{IN}、Γ_L 和 Γ_S 分别为网络输入端口的反射系数、负载阻抗的反射系数和源阻抗的反射系数，且

$$Z_{IN} = \frac{1 + \Gamma_{IN}}{1 - \Gamma_{IN}} Z_0 , \quad \Gamma_{IN} = S_{11} + \frac{S_{12} S_{21} \Gamma_L}{1 - S_{22} \Gamma_L} , \quad \Gamma_S = \frac{R_S - Z_0}{R_S + Z_0} , \quad \Gamma_L = \frac{R_L - Z_0}{R_L + Z_0}$$

图 2-6　实验测量系统

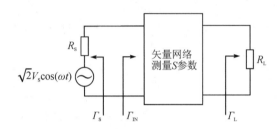

图 2-7　任意加载电源内阻和负载
电阻时系统 PTE 和 PDL 的转化计算示意图

　　为了能够利用前述的调谐方法进行测量，需将理论上的匹配耦合系数 k_{12} 和 k_{34} 转化成实际的匹配距离 D_{SM} 和 D_{LM}。图 2-8(a)示出利用图 2-4 和图 2-5 中的 Sol.1 对应算得的 D_{SM} 和 D_{LM} 与 D_{TR} 的关系。在 $D_{TR} = 60$ cm 处，图 2-8(b)和(c)分别比较了利用全波电磁仿真软件 FEKO 得到的 PTE_{case4} 和 PDL_{case4} 在频域上的仿真和实验测量结果。这些在 $D_{TR} = 60$ cm 处的结果是由图 2-8(a)对应的匹配距离 D_{SM} 和 D_{LM} 获得的。

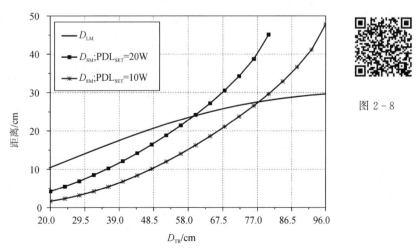

图 2-8

(a) 利用 Sol.1 对应算得的匹配距离 D_{SM}、D_{LM} 与传输距离 D_{TR} 的关系

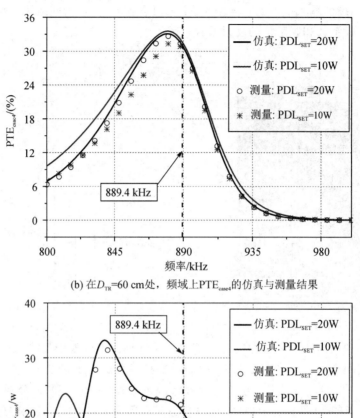

(b) 在$D_{TR}=60$ cm处，频域上PTE_{case4}的仿真与测量结果

(c) 在$D_{TR}=60$ cm处，频域上PDL_{case4}的仿真与测量结果

图 2 - 8　方案 4 在设定 $PDL_{SET}=10$ W 和 20 W 两种情况下的仿真与测量结果

　　表 2 - 2 列出了当 $D_{TR}=60$ cm，在原谐振频率 $f_0=889.4$ kHz 处，图 2 - 8(b)和(c)中的仿真与测量结果和 2.3 节中的计算值。该表表明，实验测量和仿真结果很好地验证了理论分析的正确性。

表 2 - 2　方案 4 的计算、仿真和测量值比较

设定功率等级	PTE/(%)			PDL/W		
	计算	仿真	测量	计算	FEKO	测量
$PDL_{SET}=10\,W$	31.13	31.74	30.34	9.64	10.17	11.55
$PDL_{SET}=20\,W$	30.50	31.15	30.81	19.27	20.31	21.00

在原谐振频率 $f_0 = 889.4\,kHz$ 处，方案 4 中 PTE 和 PDL 的计算、仿真和测量值随传输距离 D_{TR} 变化的比较如图 2 - 9(a)所示。由图知，对于不同的 PDL_{SET}，其 PTE 基本相同，实验测量时发现 PDL 对耦合距离 D_{SM} 特别敏感，图中给出的 PDL 测量值所使用的 D_{SM} 是由图 2 - 8(a)得到的。可看出测量得到的 PDL 值与仿真得到的 PDL 值基本相同。然而，仿真和测量得到的 PDL 随着 D_{TR} 的变小逐渐偏离计算值，这是由于计算结果未考虑交叉耦合的影响，而实际测量时，当 D_{TR} 变小时，交叉耦合对系统电能传输的影响变大。

对于交叉耦合对系统的影响，我们进一步通过功率流分析法[9]对其进行了分析。从谐振器 L_i-C_i 流向谐振器 L_j-C_j 的功率 P_{ij} 可由式 $P_{ij}=\mathrm{Re}(-j\omega M_{ij}I_iI_j^*)$ 计算。在式(2 - 1)中考虑非相邻谐振器间的耦合影响，用 MATLAB 软件解该矩阵方程，可以获得每个谐振器上的电流和谐振器 L_1-C_1、L_2-C_2、L_3-C_3 流向 L_4-C_4 的功率 $P_{i4}(i=1,2,3)$。在 $PDL_{SET}=10\,W$ 和 $20\,W$ 情况下，图 2 - 9(b)绘出各 P_{i4} 以及传到 L_4-C_4 上的总功率 P_{To4} $\left(P_{To4}=\sum_{i=1}^{3}P_{i4}\right)$。由图可知，由 L_2-C_2 流向 L_4-C_4 的功率 P_{24} 大部分流回到 L_1-$C_1(P_{14})$，传到 L_4-C_4 上的总功率 (P_{To4}) 主要来自 L_3-$C_3(P_{34})$。图 2 - 9(b)中计算得到的传到 L_4-C_4 上的总功率 (P_{To4}) 与图 2 - 9(a)中 PDL 的仿真值一致。

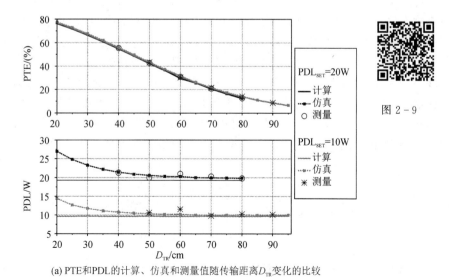

图 2 - 9

(a) PTE 和 PDL 的计算、仿真和测量值随传输距离 D_{TR} 变化的比较

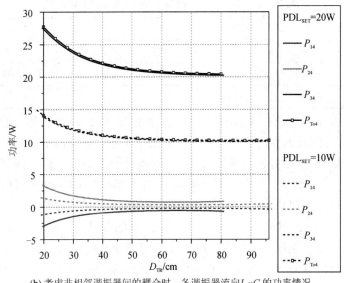

(b) 考虑非相邻谐振器间的耦合时,各谐振器流向L_4-C_4的功率情况

图 2-9   方案 4 在设定 $PDL_{SET} =$ 10W 和 20 W 两种情况下在 $f_0 =$ 889.4 kHz 处的电能传输

本 章 小 结

本章基于 CT 提出负载端和源端匹配调谐方法,实现在两线圈耦合结构(方案 1)和三线圈耦合结构(方案 2)下 WPT 系统的最大 PTE。同时给出三线圈耦合结构(方案 3)和四线圈耦合结构(方案 4)下 WPT 系统在最大 PTE 条件下实现设定 PDL 的电能传输的详细设计步骤。同时证明了方案 2 和方案 4 中的负载端匹配谐振器 L_4-C_4 引入的效率损耗和功率损耗均为对应未匹配负载方案 1 和方案 3 中 PTE 和 PDL 的 $R_4/(R_4 + R_{L,FIX})$ 倍,源端匹配谐振器 L_1-C_1 引入的效率损耗和功率损耗是传输距离 D_{TR} 和匹配耦合系数 k_{12} 的函数。全波电磁仿真和实验结果验证了理论分析和计算的正确性。最后用功率流分析法对非相邻谐振器间的耦合影响做了理论分析,解释了实验测量结果出现偏差的原因。

参 考 文 献

[1]   ZHANG F , HACKWORTH S A , FU W , et al. Relay effect of wireless power

transfer using strongly coupled magnetic resonances[J]. IEEE Transactions on Magnetics, 2011, 47(5):1478 – 1481.

[2] HAMAM R E , KARALIS A , JOANNOPOULOS J D , et al. Efficient weakly-radiative wireless energy transfer: An EIT-like approach[J]. Annals of Physics, 2009, 324(8):1783 – 1795.

[3] KIANI M , JOW U M , GHOVANLOO M . Design and optimization of a 3-coil inductive link for efficient wireless power transmission[J]. IEEE Transactions on Biomedical Circuits & Systems, 2011, 5(6):579 – 591.

[4] KARALIS A, JOANNOPOULOS J D, SOLJACIC M. Efficient wireless non-radiative mid-range energy transfer[J]. Annals of Physics, 2008, 323(1):34 – 48.

[5] CHEN C J, CHU T H, LIN C L, et al. A study of loosely coupled coils for wireless power transfer[J]. IEEE Transactions on Circuits and Systems II: Express Briefs, 2010, 57(7): 536 – 540.

[6] CHEON S, KIM Y H, KANG S Y, et al. Circuit-model-based analysis of a wireless energy-transfer system via coupled magnetic resonances[J]. IEEE Transactions on Industrial Electronics, 2010, 58(7): 2906 – 2914.

[7] POZAR D M. Microwave engineering[M]. 4th ed. New York: John Wiley & Sons, 2011.

[8] ZHANG J, CHENG C. Quantitative investigation into the use of resonant magneto-inductive links for efficient wireless power transfer[J]. IET Microwaves, Antennas & Propagation, 2016, 10(1): 38 – 44.

[9] LEE C K, ZHONG W X, HUI S Y R. Effects of magnetic coupling of nonadjacent resonators on wireless power domino-resonator systems[J]. IEEE Transactions on Power Electronics, 2012, 27(4): 1905 – 1916.

第3章 多中继线圈 WPT 系统带通滤波器设计技术

3.1 引 言

基于 CT 的 KVL 常被用于解 WPT 系统的等效电路矩阵方程[1-3]。近些年，另一种用于分析 WPT 系统的理论，即 BPFT 也被提出[4-7]。文献[1]通过使用 KVL 推导出了 PDL 的临界耦合系数，不过此文中的解释不够清晰，相关的参数需进一步阐释。文献[8]中展示了通过实验搜索来确定合适的工作频率，以实现系统最优 PTE 的过程，然而此文并没有对系统的电能传输特性随频率和传输距离变化的理论分析进行讨论。当使用 KVL 分析系统的电能传输特性时，需要解较复杂的矩阵方程，且随着系统中线圈个数的增多，矩阵方程的复杂度也相应提高。而在 BPFT 中，使用成熟的设计公式和图表可以方便地处理含有多个级联线圈的电能传输系统[4,9-11]。为了便于与基于 BPFT 分析 WPT 系统的结果进行对比，本章首先基于 KVL 分析仅含有收发两线圈的 WPT 系统的特性，然后利用 BPFT 分析含有多中继线圈的 WPT 系统的特性，最后将 BPFT 分析结果的线圈个数降为两个，以与基于 KVL 的分析结果进行对比和阐述。

3.2 基于基尔霍夫电压定律的系统分析

为了便于与基于 BPFT 分析 WPT 系统的结果进行对比，本节对仅含有收发两线圈的 WPT 系统进行基于 KVL 的理论分析。图 3-1 示出了该 WPT 系统的等效电路，图中 TX 为 WPT 系统的发射线圈，由发射线圈等效电感 L_1、匹配调谐电容 C_1、谐振线圈的等效损耗电阻 R_1 构成；V_S 和 R_S 分别为等效电压源的均方根电压和电源内阻；ω 为 WPT 系统的工作角频率，f 为 WPT 系统的工作频率，其与 ω 的关系为 $\omega = 2\pi f$；RX 为 WPT 系统的接收线圈，由接收线圈等效电感 L_2、匹配调谐电容 C_2、谐振线圈的等效损耗电阻 R_2 构成；R_L 为接入系统接收线圈上的负载电阻；k_{TR} 为收发线圈间的传输耦合系数。

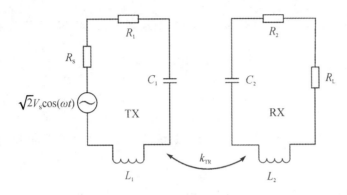

图 3 - 1　WPT 系统的等效电路

本节利用 KVL 详细分析该 WPT 系统的 PTE 和 PDL 与 k_{TR} 和 ω 的关系。利用 KVL 列出 TX 和 RX 上流过的电流 I_{TX} 和 I_{RX} 关于 V_S 的矩阵方程为

$$
\begin{bmatrix}
1 + \mathrm{j}\omega_v & \mathrm{j}k_{TR}Q_S'\sqrt{\dfrac{L_2}{L_1}} \\[2mm]
\mathrm{j}k_{TR}Q_S'\sqrt{\dfrac{L_2}{L_1}} & \dfrac{R_L'}{R_S'} + \mathrm{j}\omega_v\dfrac{L_2}{L_1}
\end{bmatrix}
\begin{bmatrix}
I_{TX} \\[2mm]
I_{RX}
\end{bmatrix}
=
\begin{bmatrix}
\dfrac{V_S}{R_S'} \\[2mm]
0
\end{bmatrix}
\tag{3-1}
$$

式中，$R_S' = R_1 + R_S$；$R_L' = R_2 + R_L$；Q_S' 表示在 ω 处电源内阻加载到有损 TX 上的源加载品质因数，$Q_S' = \dfrac{\omega L_1}{R_S'}$。为简化本节的后续表示式与 ω 的关系，我们引入关于工作角频率的广义调谐因子 ω_v 到式（3-1），$\omega_v = Q_{S0}'\left(\dfrac{\omega}{\omega_0} - \dfrac{\omega_0}{\omega}\right)$，其中，$Q_{S0}'$ 表示在各谐振线圈的自谐振角频率 ω_0 处电源内阻加载到有损 TX 上的源加载品质因数，$Q_{S0}' = \dfrac{\omega_0 L_1}{R_S'}$。

从式（3-1）解得 I_{TX} 和 I_{RX} 如下：

$$
I_{TX} = \frac{\left(\dfrac{Q_{S0}'}{Q_{L0}'} + \mathrm{j}\omega_v\right)V_S}{R_S'\left[(k_{TR}Q_S')^2 + (1 + \mathrm{j}\omega_v)\dfrac{Q_{S0}'}{Q_{L0}'} + (-\omega_v + \mathrm{j})\omega_v\right]}
\tag{3-2a}
$$

$$I_{RX} = \frac{-jk_{TR}Q'_S V_S \sqrt{\dfrac{L_1}{L_2}}}{R'_S \left[(k_{TR}Q'_S)^2 + (1+j\omega_v)\dfrac{Q'_{S0}}{Q'_{L0}} + (-\omega_v + j)\omega_v \right]} \qquad (3-2b)$$

式中，Q'_{L0} 表示在自谐振角振频率 ω_0 处负载加载到有损 RX 上的负载加载品质因数，$Q'_{L0} = \dfrac{\omega_0 L_2}{R'_L}$。

3.2.1 传输效率特性

系统的 PTE 定义为 PDL 与电源输入到系统的电能和电源自身损耗的电能总和的比值，其表达式如下：

$$\begin{aligned}
PTE(\omega, k_{TR}) &= \frac{R_L |I_{RX}|^2}{R'_S |I_{TX}|^2 + R'_L |I_{RX}|^2} \\
&= \frac{(k_{TR}Q'_S)^2 \dfrac{Q'_{S0}}{Q'_{L0}}}{\omega_v^2 + \left(\dfrac{Q'_{S0}}{Q'_{L0}}\right)^2 + (k_{TR}Q'_S)^2 \dfrac{Q'_{S0}}{Q'_{L0}}}
\end{aligned} \qquad (3-3)$$

式中，Q_{L0} 是在自谐振角频率 ω_0 处负载加载到无损 RX 上的负载加载品质因数，$Q_{L0} = \dfrac{\omega_0 L_2}{R_L}$。

本节将基于式(3-3)研究 PTE 随 ω 和 k_{TR} 的变化情况。由于 Q'_S 对频率的变化影响远小于 ω_v 对频率的变化影响，因此在给定传输距离上，当分析式(3-3)中 PTE 受频率变化的影响时，可以将 Q'_S 考虑为常量 Q'_{S0}。由式(3-3)可看出，当 $\omega_v = 0$，即 $\omega = \omega_0$ 时，PTE 达到最大值。收、发线圈的参数见表 3-1。表中 f_0 表示各线圈的自谐振频率，其与 ω_0 的关系为 $\omega_0 = 2\pi f_0$。用表 3-1 中的线圈构成系统的 TX 和 RX，则在 $R_S = 5.1 \, \Omega$，$R_L = 45.9 \, \Omega$ 条件下可得 PTE 随耦合系数 k_{TR} 和归一化频率 ω/ω_0 的变化情况，如图 3-2 所示。由图 3-2 可以看出，无论 TX 和 RX 间的耦合程度怎样，PTE 的最大值总是出现在自谐振角频率处，即 $\omega = \omega_0$，这与式(3-3)表示的一致。从图 3-2 也可以看出，PTE 会随着耦合系数的增大而单调增大。

表 3-1 收、发线圈的参数

$R_1(R_2)/\Omega$	$L_1(L_2)/\mu H$	f_0/MHz	V_S/V
5.1	133	1.96	1

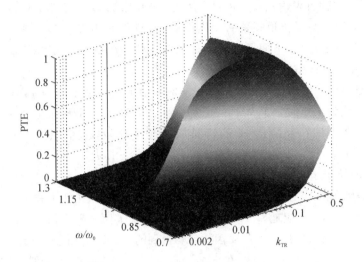

图 3 - 2

图 3 - 2　PTE 随耦合系数 k_{TR} 和归一化频率 ω/ω_0 的变化情况

3.2.2　接收器中感应电流特性

由于由式(3 - 2b)可得到 RX 上流过的感应电流 I_{RX}，因此 PDL 就可根据 $PDL = R_L |I_{RX}|^2$ 得到。故在负载电阻 R_L 确定的情况下，研究 PDL 就是研究 $|I_{RX}|$。为便于分析 $|I_{RX}|$ 与工作角频率的关系，可将其再整理如下：

$$|I_{RX}|(\omega, k_{TR}) = \frac{V_S \sqrt{\dfrac{L_1}{L_2}}}{R'_S \sqrt{\dfrac{\omega_v^4 + \left[1 + \left(\dfrac{Q'_{S0}}{Q'_{L0}}\right)^2 - 2(k_{TR}Q'_S)^2\right]\omega_v^2 + \left[\dfrac{Q'_{S0}}{Q'_{L0}} + (k_{TR}Q'_S)^2\right]^2}{(k_{TR}Q'_S)^2}}}$$

$$= \frac{V_S \sqrt{\dfrac{L_1}{L_2}}}{R'_S \sqrt{g(\omega, k_{TR})}} \tag{3 - 4}$$

式中

$$g(\omega, k_{TR}) = \frac{\omega_v^4 + \left[1 + \left(\dfrac{Q'_{S0}}{Q'_{L0}}\right)^2 - 2(k_{TR}Q'_S)^2\right]\omega_v^2 + \left[\dfrac{Q'_{S0}}{Q'_{L0}} + (k_{TR}Q'_S)^2\right]^2}{(k_{TR}Q'_S)^2}$$

$g(\omega, k_{TR})$ 中的 ω_v^2 和 Q'_S 均为工作角频率 ω 的函数，很明显，要想获得 $g(\omega, k_{TR})$（或

$|I_{RX}|(\omega,k_{TR}))$ 关于 ω 明确的解析表达式较为困难。然而，若用常量 Q'_{SCO} 替代变量 Q'_S，则能够较为精确地分析 $g(\omega,k_{TR})$ 与工作角频率的变化关系，也就能够用 Q'_{SCO} 精确地表示出 $g(\omega,k_{TR})$ 关于工作角频率的表达式。下面通过算例来说明取什么样的常量 Q'_{SCO} 能够较为精确地表示出 $g(\omega,k_{TR})$ 关于工作角频率的表达式。

使用表 3-1 中的线圈构成系统的 TX 和 RX，图 3-3(a)给出了 Q'_S 与归一化频率 ω/ω_0 的关系。当 ω/ω_0 从 0.9 变化到 1.1 时，Q'_S 从 144.5 变化到 176.6，在自谐振角振频率 $\omega=\omega_0$ 处，常量 $Q'_{S0}=161$（即 Q'_{SCO} 在下标 CO = 0 的情况）。为便于比较，我们引入另两个常量：$Q'_{S+}=190$（CO = +）和 $Q'_{S-}=140$（CO = -）。在 $k_{TR}=0.058$，$R_S=5.1\ \Omega$ 和 $R_L=45.9\ \Omega$ 情况下，图 3-3(b)绘出了在变量 Q'_S 和三个常量 Q'_{SCO}（CO = 0、+ 和 -）的影响下，$g(\omega,k_{TR})$ 与 ω/ω_0 的曲线图。由图 3-3(b)可看出，对于每一个 Q'_{SCO}，在低于和高于自谐振角频率的两侧都会出现极小值，相应地，$|I_{RX}|(\omega,k_{TR})$ 就出现了两个极大值。在高（低）频区，分别将利用 Q'_S、Q'_{S0}、Q'_{S+} 和 Q'_{S-} 这 4 个品质因数计算得到的 $g(\omega,k_{TR})$ 的极小值表示为 $g_{H-Q'_S}(g_{L-Q'_S})$、$g_{H-Q'_{S0}}(g_{L-Q'_{S0}})$、$g_{H-Q'_{S+}}(g_{L-Q'_{S+}})$ 和 $g_{H-Q'_{S-}}(g_{L-Q'_{S-}})$。$g(\omega,k_{TR})$ 取到极小值时所对应的归一化频率表示为 $NF_{H-Q'_S}(NF_{L-Q'_S})$、$NF_{H-Q'_{S0}}(NF_{L-Q'_{S0}})$、$NF_{H-Q'_{S+}}(NF_{L-Q'_{S+}})$ 和 $NF_{H-Q'_{S-}}(NF_{L-Q'_{S-}})$。可以看出在高（低）频区，$g_{H-Q'_{S0}}(g_{L-Q'_{S0}})$ 和 $NF_{H-Q'_{S0}}(NF_{L-Q'_{S0}})$ 与 $g_{H-Q'_S}(g_{L-Q'_S})$ 和 $NF_{H-Q'_S}(NF_{L-Q'_S})$ 很接近。因此用 Q'_{S0} 替代 Q'_S 简化分析 $|I_{RX}|$ 的方法非常合理，替代后，式(3-4)中的 $|I_{RX}|$ 变成如下式子：

$$|I_{RX}|(\omega,k_{TR})=\dfrac{V_Sk_{TR}Q'_{S0}\sqrt{\dfrac{L_1}{L_2}}}{R'_S\sqrt{\omega_v^4+\left[1+\left(\dfrac{Q'_{S0}}{Q'_{L0}}\right)^2-2(k_{TR}Q'_{S0})^2\right]\omega_v^2+\left[\dfrac{Q'_{S0}}{Q'_{L0}}+(k_{TR}Q'_{S0})^2\right]^2}}$$

$$=\dfrac{V_Sk_{TR}Q'_{S0}\sqrt{\dfrac{L_1}{L_2}}}{R'_S\sqrt{(\omega_v^2)^2+b\omega_v^2+c}} \tag{3-5}$$

式中，$b=1+\left(\dfrac{Q'_{S0}}{Q'_{L0}}\right)^2-2(k_{TR}Q'_{S0})^2$，$c=\left[\dfrac{Q'_{S0}}{Q'_{L0}}+(k_{TR}Q'_{S0})^2\right]^2$。

将式(3-5)中根号下的表达式提取出来，该式可表示成关于 ω_v^2 的函数 $f(\omega_v^2)$，即 $f(\omega_v^2)=(\omega_v^2)^2+b\omega_v^2+c(\omega_v^2\geqslant0)$。该表达式是关于 ω_v^2 的一元二次函数形式，因此其可表示成关于 x 的一元二次函数 $f(x)=x^2+bx+c(x\in(-\infty,\infty))$，利用数学函数知识可以方便地研究 $f(x)$ 的极值点。即对 $f(x)$ 求关于 x 的导函数 $f'(x)=2x+b$，解方程 $f'(x)=0$ 得使 $f(x)$ 取得最小值时所对应的自变量 $x_0=-b/2$。从式(3-5)可以看出，当 $f(\omega_v^2)$ 最小时，得到的 $|I_{RX}|$ 的值最大。因此根据数学知识求出 $f(x)$ 的极小值就能得到 $|I_{RX}|$ 的极大值。用于分析 $|I_{RX}|$ 的函数 $f(x)=x^2+bx+c$ 的图形和特性见表 3-2。

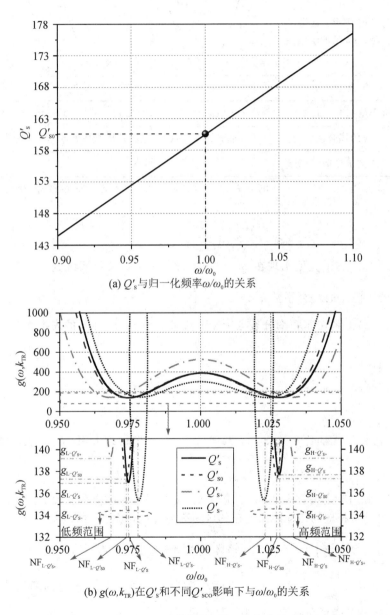

(a) Q'_s 与归一化频率 ω/ω_0 的关系

图 3-3

(b) $g(\omega,k_{TR})$ 在 Q'_s 和不同 Q'_{sco} 影响下与 ω/ω_0 的关系

图 3-3　参数与 ω/ω_0 的变化关系

表 3-2 用于分析 $|I_{RX}|$ 的函数 $f(x) = x^2 + bx + c$ 的图形和特性

二次函数 $f(x)$ 图形，这里 $x \in (-\infty, \infty)$；x_0 是极小值点			
x_0 位置	$x_0 < 0$	$x_0 = 0$	$x_0 > 0$
$f(\omega_v^2)$ 取极小值情况，$\omega_v^2 \geqslant 0$	$f(\omega_v^2 = 0)$	$f(\omega_v^2 = x_0 = 0)$	$f(\omega_v^2 = x_0)$
$\|I_{RX}\|$ 对应的耦合区	非频率分裂区	临界频率分界点	频率分裂区
$\|I_{RX}\|$ 极大值个数	1	—	2

由表 3-2 知，当 $\omega_v^2 = x_0 = 0$ 时，系统出现临界频率分裂，临界频率分裂耦合系数 k_{TRCr} 为

$$k_{TRCr} = \sqrt{\frac{1}{2}\left(\frac{1}{Q_{S0}'^2} + \frac{1}{Q_{L0}'^2}\right)} \tag{3-6}$$

当 $x_0 < 0$，$|I_{RX}|$ 的最大值出现在 $\omega_v^2 = 0$ 处。而 $\omega_v^2 = 0$ 表示系统处在非频率分裂区，由 $x_0 < 0$ 求得处于该区的耦合系数 $k_{TR} < \sqrt{\frac{1}{2}\left(\frac{1}{Q_{S0}'^2} + \frac{1}{Q_{L0}'^2}\right)} = k_{TRCr}$。将 $\omega_v^2 = 0$ 和 c 的表示式代入式(3-5)得到在非频率分裂区 RX 上流过的电流 $|I_{RX}|_{\omega_0}$ 的表示式为

$$|I_{RX}|_{\omega_0} = \frac{\dfrac{V_S}{R_S' Q_{S0}'}\sqrt{\dfrac{L_1}{L_2}}}{\dfrac{1}{Q_{L0}' Q_{S0}'}\dfrac{1}{k_{TR}} + k_{TR}} \tag{3-7}$$

由式(3-7)可得最优耦合系数 k_{TRO}，其使得 $|I_{RX}|_{\omega_0}$ 取得最大值，k_{TRO} 表示如下：

$$k_{TRO} = \sqrt{\frac{1}{Q_{S0}' Q_{L0}'}} \leqslant k_{TRCr} \tag{3-8}$$

文献[12]和文献[13]定义：若 WPT 系统的收、发线圈间的耦合系数大于 k_{TRO}，则称该系统工作在过耦合模态，相应的传输距离所在的区间称为过耦合模区。由表 3-2 知，当 $x_0 > 0$，即 $k_{TR} > \sqrt{\frac{1}{2}\left(\frac{1}{Q_{S0}'^2} + \frac{1}{Q_{L0}'^2}\right)} = k_{TRCr}$ 时，该区称为频率分裂区。当 $|I_{RX}|$ 取得最大值时，需满足 $\omega_v^2 = x_0$，将 $\omega_v = Q_{S0}'\left(\dfrac{\omega}{\omega_0} - \dfrac{\omega_0}{\omega}\right)$ 代入 $\omega_v^2 = x_0$，得到 $|I_{RX}|$ 取得最大值时的两个分裂角频率（分裂高角频率 ω_H 和分裂低角频率 ω_L）为

$$\omega_{H/L} = \omega_0 \sqrt{1 + \frac{x_0}{2Q_{S0}'^2} \pm \frac{\sqrt{x_0(x_0 + 4Q_{S0}'^2)}}{2Q_{S0}'^2}} \tag{3-9}$$

比较式(3-6)和式(3-8)知，当 $Q'_{S0} \neq Q'_{L0}$ 时，总是满足 $k_{TRO} < k_{TRCr}$，即过耦合模区总是大于频率分裂区；当 $Q'_{S0} = Q'_{L0}$ 时，总是满足 $k_{TRO} = k_{TRCr}$，即过耦合模区与频率分裂区重叠，两者为相同的区域。图 3-4 给出的两种情况能很好地阐明这一结论。

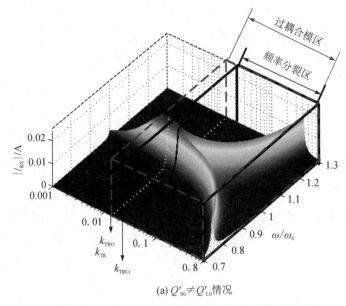

图 3-4

(a) $Q'_{S0} \neq Q'_{L0}$ 情况

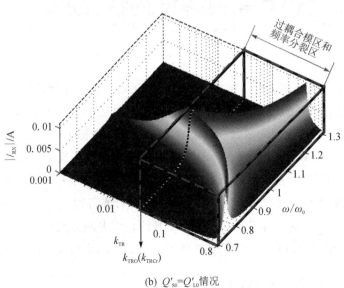

(b) $Q'_{S0} = Q'_{L0}$ 情况

图 3-4　$|I_{RX}|$ 随 ω/ω_0 和 k_{TR} 的变化关系

在频率分裂区$(k_{TR} > k_{TRCr})$，将$\omega_v^2 = x_0$代入式$(3-5)$，得$|I_{RX}|$在分裂低角频率ω_L和分裂高角频率ω_H处的两个极大值$|I_{RX}|_{\omega_{H/L}}$为

$$
\begin{aligned}
|I_{RX}|_{\omega_{H/L}} &= \frac{V_S\sqrt{\dfrac{L_1}{L_2}}}{\dfrac{R_S'(Q_{S0}' + Q_{L0}')}{Q_{L0}'}\sqrt{1 - \left(\dfrac{Q_{S0}' - Q_{L0}'}{2k_{TR}Q_{L0}'Q_{S-H/L}'}\right)^2}} \\
&= \frac{V_S\sqrt{\dfrac{L_1}{L_2}}}{\dfrac{R_S'(Q_{S0}' + Q_{L0}')}{Q_{L0}'}\sqrt{1 - \left[\dfrac{R_S'(Q_{S0}' - Q_{L0}')}{2k_{TR}L_1 Q_{L0}'\omega_{H/L}}\right]^2}}
\end{aligned}
\tag{3-10}
$$

式中，$Q_{S-H/L}'$表示在两个分裂角频率$\omega_{H/L}$处电源内阻加载到有损TX上的源加载品质因数，$Q_{S-H/L}' = \omega_{H/L}L_1/R_S'$。

当$Q_{S0}' = Q_{L0}'$时，RX上流过的电流为$|I_{RX}|_{\omega_{H/L}} = V_S\sqrt{L_1/L_2}/(2R_S')$，其与分裂角频率$\omega_{H/L}$不相关；当$Q_{S0}' \neq Q_{L0}'$时，$|I_{RX}|$在分裂低角频率$\omega_L$处的$|I_{RX}|_{\omega_L}$略大于其在分裂高角频率$\omega_H$处的$|I_{RX}|_{\omega_H}$。

3.3　基于带通滤波器理论的系统分析

在微波/射频频段，带通滤波器网络被用来在设定的频带范围上选择信号或者电能，在低频段可以被电压表或电流表测量的衡量电路传输特性的电压或电流在此频段无法被测量。因此，在微波/射频频段，需使用散射参数或者S参数来表征滤波网络的电气特性。滤波器综合法可实现各传输函数（巴特沃斯、切比雪夫、椭圆函数等）的高通、低通、带通、带阻滤波器设计，该方法均是从对应函数的低通原型滤波器出发的。实际滤波器的频率特性和元件值将通过对对应函数的低通原型滤波器的频率和元件转换得到，更详细的理论参见文献[14]的29～76页。在本节，我们首先研究巴特沃斯和切比雪夫两类滤波器的元件值(g_i)，然后基于这两类滤波器模型分析得出WPT系统能够进行最大功率传输的约束条件。

3.3.1　基于两类滤波器模型的WPT系统

实际滤波器（包括低通、高通、带通、带阻滤波器）的频率特性和元件值都是以低通原

型滤波器为基础，通过频率和元件转换得到的。本节基于巴特沃斯(最大平坦响应)和切比雪夫(等波纹响应)两类滤波器分析 WPT 系统，由于这两类滤波器都能实现全极点响应，因此它们的低通原型是相同的[14]。图 3-5 所示为基于 BPFT 设计多中继线圈 WPT 系统的过程。

从图 3-5(a)所示的 N 阶低通原型滤波器出发，下面给出馈源内阻不为零的情况下和选用 N 阶巴特沃斯函数作为系统响应的低通原型滤波器的元件值[4, 14]：

$$g_0 = g_{N+1} = 1.0$$

$$g_i = 2\sin\left[\frac{(2i-1)\pi}{2N}\right], \ i = 1, 2, \cdots, N \tag{3-11}$$

当 N 阶切比雪夫低通原型滤波器的元件值受通带波纹 L_{PR}(单位 dB)的影响时，其计算公式如下[14]：

$$
\begin{cases}
g_0 = 1.0 \\
g_1 = \dfrac{2}{s}\sin\left(\dfrac{\pi}{2N}\right) \\
g_i = \dfrac{1}{g_{i-1}}\dfrac{4\sin\left[\dfrac{(2i-1)\pi}{2N}\right]\sin\left[\dfrac{(2i-3)\pi}{2N}\right]}{s^2 + \sin^2\left[\dfrac{(i-1)\pi}{N}\right]}, \ i = 2, 3, \cdots, N \\
g_{N+1} = \begin{cases} 1, \ N \text{ 为奇数} \\ \coth^2\left(\dfrac{p}{4}\right), \ N \text{ 为偶数} \end{cases}
\end{cases}
\tag{3-12}
$$

式中，$p = \ln\left[\coth\left(\dfrac{L_{\mathrm{PR}}}{17.37}\right)\right]$，$s = \sinh\left(\dfrac{p}{2n}\right)$。

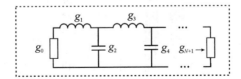

(a) N 阶低通原型滤波器

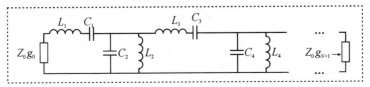

(b) 由低通原型滤波器转化来的带通滤波器模型

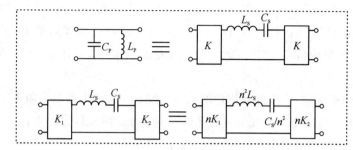

(c) 串并联谐振器的转换及电感电容的比例调整

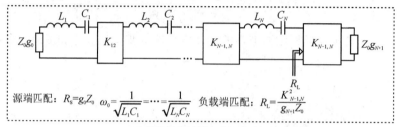

(d) N 为偶数的等效耦合谐振滤波器模型

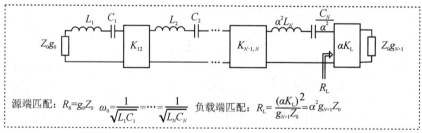

(e) N 为奇数的等效耦合谐振滤波器模型

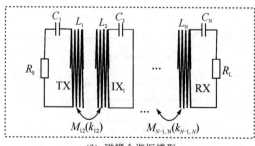

(f) 磁耦合谐振模型

图 3-5 N 阶巴特沃斯和切比雪夫低通原型滤波器变换到磁耦合 WPT 系统的过程及转换参数关系

图 3-5(b)所示的带通滤波器模型是由低通原型滤波器转化而来的,该图中的电感参数 L_i 和电容参数 C_i 由系统的端口特性阻抗值 Z_0 和带通滤波器的 3dB 带宽 FBW 表示如下:

$$L_i = \begin{cases} \dfrac{g_i Z_0}{\mathrm{FBW} \cdot \omega_0}, & i = 1,\,3,\,5,\,\cdots \\[3mm] \dfrac{\mathrm{FBW} \cdot Z_0}{g_i \omega_0}, & i = 2,\,4,\,6,\,\cdots \end{cases} \tag{3-13}$$

$$C_i = \frac{1}{L_i \omega_0^2}, \quad i = 1,\,2,\cdots,\,N \tag{3-14}$$

图 3-5(c)所示的并联 LC 谐振电路等效于两个 K 变换器(对称阻抗变换器,K 是阻抗变的参数)与一个串联 LC 谐振电路串联,图 3-5(c)中各参数关系式为:

$$L_P C_P = L_S C_S = \frac{1}{\omega_0^2} \tag{3-15a}$$

$$K^2 = \omega_0^2 L_S L_P \tag{3-15b}$$

结合图 3-5(c)所示的等效电路和图 3-5(b)所示带通滤波器模型,可得到图 3-5(d)所示的阶数 N 为偶数的等效耦合谐振滤波器模型和图 3-5(e)所示的阶数 N 为奇数的等效耦合谐振滤波器模型。图 3-5(d)、(e)中的电感计算式和 K 参量表示为

$$L_i = \begin{cases} \dfrac{g_i Z_0}{\mathrm{FBW} \cdot \omega_0}, & i = 1,\,3,\,5,\,\cdots \\[3mm] \dfrac{g_i K_{i-1}^2}{\mathrm{FBW} \cdot \omega_0 Z_0}, & i = 2,\,4,\,6,\,\cdots \end{cases} \tag{3-16a}$$

$$K_{i-1,\,i} = K_{i,\,i+1}, \quad i = 2,\,4,\,6 \tag{3-16b}$$

结合关系式 $K_{i-1,\,i} = \omega M_{i,\,i+1} = \omega k_{i,\,i+1} \sqrt{L_i L_{i,\,i+1}}$ 与式(3-16a)和式(3-16b),得相邻线圈间的耦合系数表示为

$$k_{i,\,i+1} = \frac{\mathrm{FBW}}{\sqrt{g_i g_{i+1}}}, \quad i = 1,\,2,\,\cdots,\,N-1 \tag{3-17}$$

阶数 N 分别为偶数和奇数的等效耦合谐振滤波模型的源端匹配和负载端匹配关系分别见图 3-5(d)和(e)。当阶数 N 为奇数且 $R_L \neq Z_0 g_{N+1}$ 时,在第 N 个谐振器与负载之间引入额外的 K_L 变换器,这里 $K_L = Z_0 g_{N+1}$。利用图 3-5(c)中的变换关系可得图 3-5(e)中负载端匹配关系,图中比例参数 $\alpha = \sqrt{R_L / (R_S g_{N+1})}$。图 3-5(d)、(e)所示的等效耦合谐振滤波器模型与图 3-5(f)所示的磁耦合谐振模型的等效关系是根据图 3-6 所示的基础变换关系得到。

为与 3.2 节中基于 KVL 分析两线圈 WPT 系统进行比较。下面重点给出基于二阶 BPFT 分析两线圈 WPT 系统的过程。将图 3-5(a)中阶数 N 设定为 2,由图 3-7 示出上述两类二阶低通原型滤波器。由式(3-11)得巴特沃斯滤波器的元件值为 $g_0 = g_3 = 1$,$g_1 = g_2 = \sqrt{2}$。这里要指出 $g_1 / g_2 = 1$。

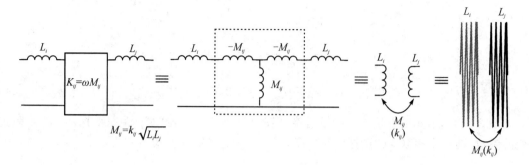

图 3-6 滤波器模型中 K_{ij}(K_{ij} 变换器)(第 i 个和第 j 个线圈间的阻抗变换器)与 WPT 系统中互感 M_{ij} 的对应关系

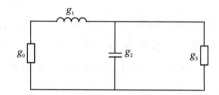

图 3-7 二阶巴特沃斯和切比雪夫低通原型滤波器

图 3-8 绘出了根据式(3-12)计算得到的二阶切比雪夫低通原型滤波器的元件值之比(Element Value Ratio，EVR)g_1/g_2、$g_1/(g_2g_3)$ 与通带波纹 L_{PR} 的关系。值得注意的是不论 L_{PR} 取何值，$g_1/(g_2g_3)=1$ 总是成立；当 L_{PR} 趋向 0 时，g_1/g_2 趋向于 1。

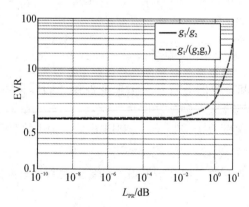

图 3-8 二阶切比雪夫低通原型滤波器的 EVR 与通带波纹 L_{PR} 的关系

3.3.2 用带通滤波器理论分析的限制条件

由网络理论分析可知：在两电感中间串联一个阻抗变换器(或称 K 变换器)可建立这两个电感

之间的耦合关系，如图 3-6 所示。为将低通原型滤波器变换为实际带通滤波器，需要进行频率、元件和 K 变换器的转换，将图 3-5 的阶数 N 设定为 2，转换过程和参数的关系如图 3-9[14] 所示。

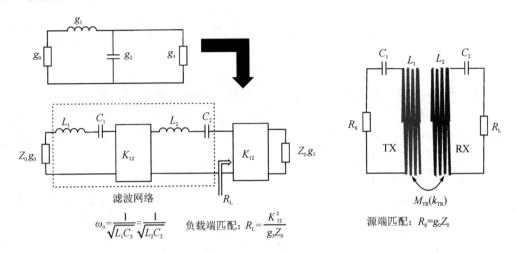

图 3-9　二阶低通原型滤波器转换到两线圈 WPT 系统的过程及转换参数关系

滤波器模型中计算和可测量的参数为 S 参数。图 3-9 中虚线框所示的滤波网络的参数 S_{21} 称作传输系数。用电气参数定义 S_{21} 模值的平方可表示为[1, 4, 15]

$$|S_{21}|^2 = \frac{PDL}{V_S^2/(4R_S)} \tag{3-18}$$

式(3-18)中 $V_S^2/(4R_S)$ 对于确定馈电源是定值，表示馈电源可输出的最大功率。因此 $|S_{21}|^2$ 表征的是 WPT 系统的 PDL 的变化趋势。这就是说，用带通滤波器理论分析 WPT 系统主要关注的是系统的 PDL。

图 3-9 中滤波网络的转换电感值及输能网络的耦合系数与低通原型滤波器参数的关系由式(3-16a)和式(3-17)得到如下：

$$L_1 = \frac{g_1 Z_0}{\omega_0 \cdot FBW} \tag{3-19a}$$

$$L_2 = \frac{g_2 K_{12}^2}{\omega_0 \cdot FBW \cdot Z_0} \tag{3-19b}$$

$$k_{TR} = \frac{FBW}{\sqrt{g_1 g_2}} \tag{3-19c}$$

式中，FBW 是巴特沃斯或者切比雪夫滤波器的 3dB 带宽。

使用图 3-9 中的负载端匹配条件 $R_L = K_{12}^2/g_3 Z_0$，式(3-19b)可写为

$$L_2 = \frac{g_2 g_3}{\omega_0 \cdot FBW} R_L \tag{3-20}$$

同样利用图 3-9 中源端匹配条件 $R_S = g_0 Z_0$，并联合式(3-19a)和式(3-20)消去 $\omega_0 \cdot$ FBW 以及联合式(3-19a)和式(3-19c)消去 FBW，得到：

$$\frac{L_1}{L_2} = \frac{g_1 R_S}{g_0 g_2 g_3 R_L} \qquad (3-21a)$$

$$k_{TR} = \sqrt{\frac{g_1}{g_2}} \frac{1}{g_0 Q_{S0}} \qquad (3-21b)$$

式中，Q_{S0} 为在 ω_0 处电源内阻加载到无损 TX 上的源加载品质因数，$Q_{S0} = \omega_0 L_1 / R_S$。

式(3-21a)和式(3-21b)就是应用二阶 BPFT 分析两线圈 WPT 系统的约束条件。由于实际的 WPT 系统中的线圈都为有损的，因此式(3-21a)中的 R_S、R_L 应修正为 $R_S + R_1$(R_S')、$R_L + R_2$(R_L')。这时 Q_{S0} 修正成与 KVL 中相同的表示形式 Q_{S0}'。

对于巴特沃斯滤波器，k_{TRB} 表示 TX 与 RX 间的耦合系数。根据 3.3.1 节中给出的巴特沃斯低通滤波器原型的各元件值及其比值，应用此类滤波器分析 WPT 系统时，式(3-21a)和式(3-21b)的约束条件简化为

$$Q_{S0}' = Q_{L0}' \qquad (3-22a)$$

$$k_{TRB} = \frac{1}{Q_{S0}'} \qquad (3-22b)$$

当满足式(3-22a)和式(3-22b)时，结合式(3-6)和式(3-8)可得到 $k_{TRO} = k_{TRCr} = k_{TRB} = 1/Q_{S0}'$，这就说明当 WPT 系统满足巴特沃斯约束条件，即当满足式(3-22a)和式(3-22b)时，系统工作在自谐角振频率上的最大 PDL 点处，并且处于临界频率分裂状态。

对于切比雪夫滤波器，k_{TRC} 表示 TX 与 RX 间的耦合系数。根据 3.3.1 节中给出的切比雪夫低通原型滤波器的各元件值及其比值，应用此类滤波器分析 WPT 系统时，式(3-21a)和式(3-21b)的约束条件简化为

$$Q_{S0}' = Q_{L0}' \qquad (3-23a)$$

$$k_{TRC} = \sqrt{\frac{g_1}{g_2}} \frac{1}{Q_{S0}'} \qquad (3-23b)$$

从图 3-8 可知，式(3-23b)中的 g_1/g_2 随着通带纹波 L_{PR} 的变化而变化。结合图 3-8，式(3-22b)中 k_{TRB} 和式(3-23b)中 k_{TRC} 的关系为：若 L_{PR} 趋向 0 dB，则 $k_{TRC} = k_{TRB}$；若 $L_{PR} > 0$ dB，则 $k_{TRC} > k_{TRB}$。也就是说，若在 ω_0 处电源内阻加载到有损 TX 上的源加载品质因数、负载加载到有损 RX 上的负载加载品质因数以及耦合系数满足式(3-23a)和式(3-23b)所示的切比雪夫约束条件，则系统同时工作于过耦合模区和频率分裂区。

对于用 BPFT 分析的 WPT 系统，为了匹配测量设备——矢量网络分析仪(VNA)的端口阻抗，我们设定 $R_S = R_L = 50\ \Omega$，并使用表 3-1 中两个线圈作为 TX 和 RX。这时式(3-22a)和式(3-23a)中的约束条件得到满足。在切比雪夫约束条件下，联合式(3-12)和式(3-23b)，图 3-10(a)示出通带波纹与耦合系数的关系，图 3-10(b)示出 S_{21} 与耦合系数 k_{TR} 和 ω/ω_0 的

关系。图中黑、白曲线分别表示 S_{21} 在变量 $k_{TR} = k_{TRB} = 0.033\,63$ 和自谐振角频率 $\omega_0 = 2\pi f_0$ 时的变化趋势。S_{21} 最大值出现在 ω_0 和 k_{TRB} 交汇处。这说明当满足巴特沃斯约束条件(也是临界频率分裂和临界耦合的一种特殊情况)时,S_{21} 只有一个最大值且在自谐振频率处取得。当 $k_{TR} = k_{TRC} \in (0.033\,63, 0.1165]$ 时,系统响应特性可由带通波纹 $L_{PR} \in (0, 5.468]$ dB 的切比雪夫滤波器模型获得,点 A 的值减去点 B 的值得 $L_{PR} = 5.468$ dB,这也可在图 3 - 10(a) 中得到验证($k_{TRC} = 0.1165$ 对应 $L_{PR} = 5.468$ dB)。

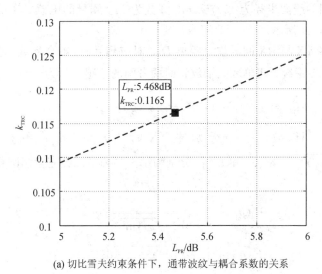

图 3 - 10

(a) 切比雪夫约束条件下,通带波纹与耦合系数的关系

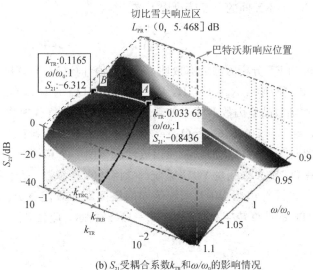

(b) S_{21} 受耦合系数 k_{TR} 和 ω/ω_0 的影响情况

图 3 - 10　基于 BPFT 分析的 WPT 系统

3.4 数值计算与实验测量

本节中，用结构和材料相同的线圈作为 TX 和 RX。线圈由 80 股、每股直径为 0.1 mm 的多股利兹线绕制，绕制的线圈半径为 15.75 cm，圈数为 11。测量的电感、等效损耗电阻和设定的自谐振频率如表 3-1 所示。

在实际中，只有将 TX 与 RX 间的耦合距离 D_{TR} 对应到互感（耦合系数）时才能应用上述理论来分析实际的 WPT 系统。两单环同轴放置时两者间的互感表示为[16]

$$M_{ij} = \mu_0 \frac{\sqrt{r_i r_j}}{g} \left[(2 - g^2) K(g) - 2E(g) \right] \tag{3-24}$$

式中，$\mu_0 = 4\pi \times 10^{-7}$ H/m；r_i、r_j 分别为 TX 的环 i 和 RX 的环 j 的半径；$g = \sqrt{4r_i r_j / \left[D_{TR}^2 + (r_i + r_j)^2 \right]}$；$K(g)$ 和 $E(g)$ 分别为第一类和第二类完全椭圆积分函数，其表达式分别为

$$K(g) = \int_0^{\pi/2} \frac{1}{\sqrt{1 - g^2 \sin^2 \xi}} d\xi$$

$$E(g) = \int_0^{\pi/2} \sqrt{1 - g^2 \sin^2 \xi} \, d\xi \tag{3-25}$$

对于 N_1 圈 TX 和 N_2 圈 RX 间的总互感可用下式计算：

$$M = \sum_{i=1}^{N_1} \sum_{j=1}^{N_2} M_{ij} \tag{3-26}$$

为验证基于 KVL 和 BPFT 分析方法的有效性，通过数值计算（Matlab）和实验测量的两种情况的算例将在本节给出。算例 1：$R_S = 5.1 \, \Omega$，$R_L = 45.9 \, \Omega$（$Q'_{S0} = 161$，$Q'_{L0} = 32$），该算例是加载到有损 TX 上的源加载品质因数不等于加载到有损 RX 上的负载加载品质因数情况下的一个算例；算例 2：$R_S = R_L = 50 \, \Omega$（$Q'_{S0} = Q'_{L0} = 30$），该算例是加载到有损 TX 上的源加载品质因数等于加载到有损 RX 上的负载加载品质因数情况下的一个算例。实验测量平台如图 3-11(a) 所示，可用两端口 VNA 来测量 WPT 系统等效网络的 S 参数。基于测量的 S 参数和 VNA 的端口阻抗值 Z_0，可计算出当 WPT 系统等效网络两端加载任意 R_S 和 R_L 时系统的 PDL 和 PTE。PDL 和 PTE 的计算转换示意图如图 3-11(b) 所示，计算表达式见式(2-15a)、(2-15b)。

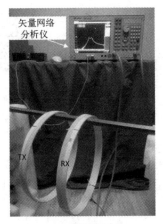

(a) 实验测量平台

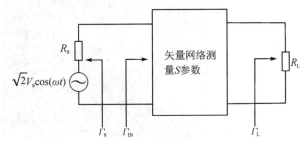

(b) PTE和PDL的计算转换示意图

图 3 - 11　测量及计算转换

3.4.1　源加载品质因数不等于负载加载品质因数的情况

图 3 - 12 和图 3 - 13 示出算例 1 的数值计算和实验测量的情况。图 3 - 12(a)和(b)分别绘出 PTE 和 RX 上流过的电流 $|I_{RX}|$ 随传输距离和归一化频率的变化情况。图 3 - 12(b)绘出 $|I_{RX}|$ 而未绘出 PDL 随传输距离和归一化频率的变化情况，原因是 $|I_{RX}|$ 的二维色阶图较 PDL 的清晰度多。在不同传输距离上，能得到 PTE 和 $|I_{RX}|$ 取得局部极大值的频率 FLM(the Frequencies for Local Maximum)，示于图 3 - 12 中的黑线，这些频率是根据 3.2 节中的公式(3 - 3)和公式(3 - 9)计算得到的。将通过搜索不同传输距离上全频率域内得到最大 PTE 和 $|I_{RX}|$ 的频率记为 FM(the Frequencies for Maximum)，示于图 3 - 12 中的白色点线。在图 3 - 12(b)中用白色虚线和黑色虚线分别示出临界频率分裂传输距离 D_{TRcr} 和在自谐振频率处获得最大传输功率的最优传输距离 D_{TRO}。临界频率分裂耦合系数 $k_{TRcr} = 0.022\ 47$ 和获得最大传输功率时的耦合系数(即最优耦合系数)$k_{TRO} = 0.013\ 93$ 分别由式(3 - 6)和式(3 - 8)得到。对应的传输距离 $D_{TRcr} = 29.4$ cm 和 $D_{TRO} = 36.5$ cm 分别由式(3 - 24)～式(3 - 26)得到。正如 3.2 和 3.3 节阐明的那样，D_{TRcr} 也可以通过解 $\omega_v^2 = x_0 = 0$ 得到，结果示于图 3 - 12(b) 右下角小图。对于 PTE 来说，在全部传输距离上，FM 和 FLM 是一致的；对于 $|I_{RX}|$ 来说，在非频率分裂区($D_{TR} > D_{TRcr} = 29.4$ cm)，FM 与 FLM 吻合得很好；而在频率分裂区($D_{TR} < D_{TRcr} = 29.4$ cm)，FM 偏向于 FLM 的低频分支。同样可以发现：随着 D_{TR} 的减小，FM 偏离 FLM 的低频分支的程度略增大，这正验证了对公式(3 - 4)中函数 $g(\omega, k_{TR})$ 的分析。

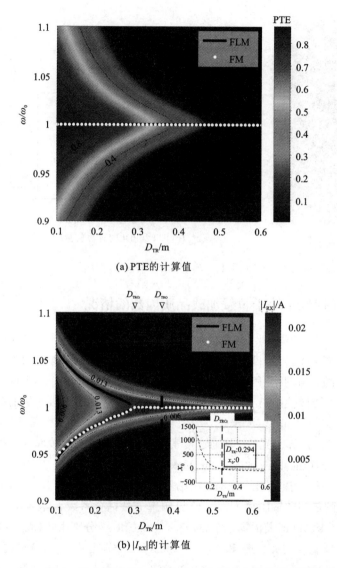

(a) PTE的计算值

(b) $|I_{RX}|$的计算值

图 3 - 12 算例 1 中参数与归一化频率和传输距离的关系

图 3 - 13(a)和(b)分别比较了在 D_{TR} = 10cm、30cm、37cm 和 60 cm 条件下，PTE 和 PDL 的计算值和测量值。计算值相比于测量值向高频方向偏移，这是由于测量所用的线圈和所选的集总电容不能完全与仿真的一样，使得测量的各线圈的自谐振频率不一样。在大的传输距离 D_{TR} = 60 cm 处，计算值偏离测量值较明显，这是由于在大的 D_{TR} 处，传到接收端的功率较微弱，测量误差和测量设备带来的影响更明显。由图 3 - 13(a)知，能得到最大 PTE 的频率总是在自谐振频率 f_0 处，且 PTE 总是随着 D_{TR} 的增大而减小，这点在实验测量时得到了证明。在图 3 - 13(b)所

示的频率分裂区，比如 $D_{TR} = 10$ cm 处，理论上 PDL 在分裂低频区内的局部极大值 (0.012 41 W) 会略大于在分裂高频区内的局部极大值 (0.012 35 W)，而分裂低频区内的实测值比分裂高频区内的实测值大得多。同样，由图 3 - 13(b) 看出，在自谐振频率 f_0 处，系统得到最大 PDL 的最优传输距离为 37 cm，与理论计算值（理论上是 36.5 cm）是接近的。

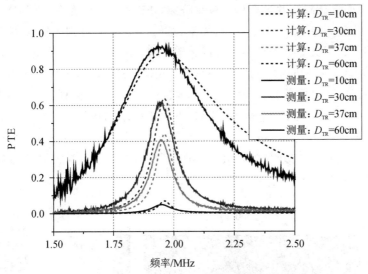

(a) PTE的测量值与计算值（基于KVL分析法）比较

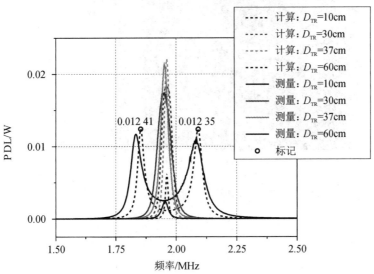

(b) PDL的测量值与计算值（基于KVL分析法）比较

图 3 - 13　算例 1 中参数与频率关系

3.4.2 源加载品质因数等于负载加载品质因数的情况

由于本节中的算例 2 满足 BPFT 的约束条件，因此算例 2 既可以用 KVL 分析，也可以用 BPFT 分析。图 3 - 14(a) 绘出 PTE 与传输距离 D_{TR} 和归一化频率 ω/ω_0 的关系，表明 PTE 随着 D_{TR} 的增大而单调减小并且全程无频率分裂，FLM 与 FM 在 ω_0 处相同。

图 3 - 14(b) 示出 $|I_{RX}|$ 与 D_{TR} 和 ω/ω_0 的关系，D_{TRB} 和 D_{TRC} 分别为该算例中用巴特沃斯滤波器模型和用切比雪夫滤波器模型算得的传输距离。基于 KVL 得到的 $D_{TRCr}(D_{TRO})$ 与基于 BPFT 得到的 D_{TRB} 是相同的，可由式(3 - 6)、式(3 - 8)、式(3 - 22b) 和 D_{TR} 与 k_{TR} 的变换式(3 - 24)~式(3 - 26)算得 $D_{TRCr} = D_{TRO} = D_{TRB} = 24$ cm。如同算例 1，本算例中的 D_{TRCr} 也可通过解 $\omega_v^2 = x_0 = 0$ 得到，图 3 - 14(b) 右下角小图示出该结果。本算例的频率分裂区同时也是过耦合模区($D_{TR} < 24$ cm)，对应切比雪夫滤波器模型的传输区域(D_{TRC})，在该区域，FM(白色点线所示)均匀分散在两组 FLM(黑色线所示)上，这说明两组局部极大值的理论值在本算例中是相等的。

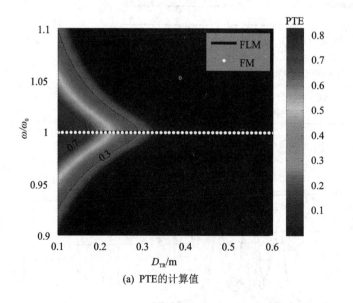

图 3 - 14

(a) PTE的计算值

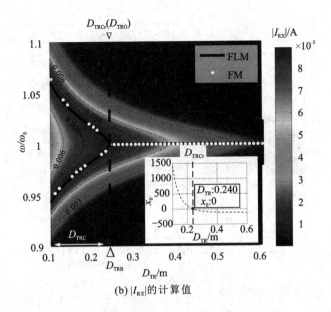

(b) $|I_{RX}|$ 的计算值

图 3-14　算例 2 中参数与归一化频率和传输距离的关系

图 3-15(a) 和 (b) 示出 PTE 和 S_{21}(归一化 PDL) 在 $D_{TR}=10\text{ cm}$、24 cm 和 60 cm 处的测量值和计算值。由测量值和计算值均可看出：在频率分裂区内（$D_{TR}=10\text{ cm}$），S_{21} 在分裂低频区内的极大值等于在分裂高频区内的极大值。在理论上，当传输距离 D_{TR} 满足 10 cm $\leqslant$ $D_{TR}<24\text{ cm}$ 时，系统的电能传输特性可由通带波纹为 0 dB $<L_{PR}\leqslant5.79$ dB 的切比雪夫滤波器模型得到（用标记 1 处的值 $|-6.634\ 64|$ 减去标记 2 处的值 $|-0.843\ 93|$ 得到 5.790 71）。

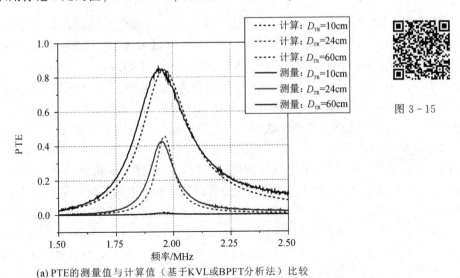

图 3-15

(a) PTE 的测量值与计算值（基于 KVL 或 BPFT 分析法）比较

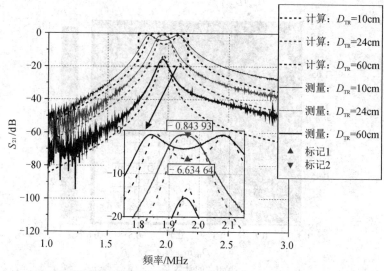

(b) S_{21}的测量值与计算值（基于KVL或BPFT分析法）比较

图 3-15　算例 2 中参数与频率关系

本 章 小 结

　　本章用 KVL 对两线圈 WPT 系统进行了分析，用 BPFT 分析了多中继线圈 WPT 系统。为便于对比研究，算例中将基于 BPFT 分析的多线圈 WPT 系统的线圈个数设为二，给出了两种分析方法的各自特点。在用 KVL 分析系统的 PTE 和 I_{RX} 的过程中，通过引入广义调谐因子 ω_v，推导出了 PTE 和 RX 上流过的电流 I_{RX} 关于工作频率和耦合系数的表达式，并通过图表判别法对 PTE 和 I_{RX} 进行了详细分析。分析表明：不论传输距离如何，PTE 的最大值总是出现在自谐振频率处，而当传输距离低于临界频率分裂传输距离 D_{TRCr} 时，I_{RX}（PDL）将会发生频率分裂现象。若源加载品质因数 Q'_{S0} 和负载加载品质因数 Q'_{L0} 满足 $Q'_{S0} \neq Q'_{L0}$ 条件，则 I_{RX}（PDL）在分裂低频区内的局部极大值稍大于在分裂高频区内的局部极大值；若 $Q'_{S0} = Q'_{L0}$，则 I_{RX}（PDL）在分裂高频区和分裂低频区内的极大值相等。理论分析也指出，当 $Q'_{S0} \neq Q'_{L0}$ 时，获得最大 I_{RX}（PDL）的最优传输距离 D_{TRO} 总是大于 D_{TRCr}；当 $Q'_{S0} = Q'_{L0}$ 时，$D_{TRO} = D_{TRCr}$。用 BPFT 分析 WPT 系统有两个约束条件，并且基于 BPFT 分析是基于 KVL 分析的一个特殊情况，即 $Q'_{S0} = Q'_{L0}$ 情况。然而，相比较与基于 KVL 分析，基于 BPFT 分析由于约束条件的存在而使得分析得以简化。在自谐振频率处获得最大

I_{RX}(PDL)的情况可由巴特沃斯滤波器模型直接获得,在频率分裂区内,系统的电能传输特性可由不同带通波纹的切比雪夫滤波器模型直接模拟得到。

参 考 文 献

[1] SAMPLE A P, MEYER D T, SMITH J R. Analysis, experimental results, and range adaptation of magnetically coupled resonators for wireless power transfer[J]. IEEE Transactions on Industrial Electronics, 2010, 58(2): 544 – 554.

[2] AHN D, HONG S. A study on magnetic field repeater in wireless power transfer [J]. IEEE Transactions on Industrial Electronics, 2012, 60(1): 360 – 371.

[3] HUANG R H, ZHANG B, QIU D Y, et al. Frequency splitting phenomena of magnetic resonant coupling wireless power transfer[J]. IEEE Transactions on Magnetics, 2014, 50(11): 1 – 4.

[4] LUO B, WU S, ZHOU N. Flexible design method for multi-repeater wireless power transfer system based on coupled resonator bandpass filter model[J]. IEEE Transactions on Circuits and Systems I: Regular Papers, 2014, 61(11): 3288 – 3297.

[5] AWAI I, ISHIDA T. Design of resonator-coupled wireless power transfer system by use of BPF theory[J]. Journal of electromagnetic engineering and science, 2010, 10(4): 237 – 243.

[6] LEE J, LIM Y S, YANG W J, et al. Wireless power transfer system adaptive to change in coil separation[J]. IEEE Transactions on Antennas and Propagation, 2013, 62 (2): 889 – 897.

[7] ISHIZAKI T, KOMORI T, ISHIDA T, et al. Comparative study of coil resonators for wireless power transfer system in terms of transfer loss[J]. IEICE Electronics Express, 2010, 7(11): 785 – 790.

[8] YAN Z, LI Y, ZHANG C, et al. Influence factors analysis and improvement method on efficiency of wireless power transfer via coupled magnetic resonance[J]. IEEE Transactions on Magnetics, 2014, 50(4): 1 – 4.

[9] AWAI I. Design theory of wireless power transfer system based on magnetically coupled resonators[C]//2010 IEEE International Conference on Wireless Information Technology and Systems, 2010: 1 – 4.

[10] AWAI I. BPF theory-based design method for wireless power transfer system by

use of magnetically coupled resonators[J]. IEEJ Transactions on Electronics Information and Systems, 2010, 130(12): 2192 - 2197.

[11] AWAI I, KOMORI T. A simple and versatile design method of resonator-coupled wireless power transfer system[C]//2010 International Conference on Communications, Circuits and Systems (ICCCAS), 2010: 616 - 620.

[12] SAMPLE A P, WATERS B H, WISDOM S T, et al. Enabling seamless wireless power delivery in dynamic environments[J]. Proceedings of the IEEE, 2013, 101 (6): 1343 - 1358.

[13] HUANG R, ZHANG B. Frequency, impedance characteristics and HF converters of two-coil and four-coil wireless power transfer[J]. IEEE Journal of Emerging and Selected Topics in Power Electronics, 2015, 3(1): 177 - 183.

[14] HONG J S G, LANCASTER M J. Microstrip filters for RF microwave applications [M]. New York: John Wiley & Sons, 2001.

[15] DUONG T P, LEE J W. Experimental results of high-efficiency resonant coupling wireless power transfer using a variable coupling method[J]. IEEE Microwave and Wireless Components Letters, 2011, 21(8): 442 - 444.

[16] KIANI M, JOW U M, GHOVANLOO M. Design and optimization of a 3-coil inductive link for efficient wireless power transmission[J]. IEEE Transactions on Biomedical Circuits and Systems, 2011, 5(6): 579 - 591.

第 4 章　多中继线圈 WPT 系统频率分裂分析方法

1.1 引　言

　　本章旨在深入研究多中继线圈 WPT 系统。近些年来，多中继线圈 WPT 系统已被用来提高无线电能传输的传输距离[1-9]。然而，当利用常规的 CT 分析多中继线圈 WPT 系统时，存在分析公式复杂和用于阐述系统的 PTE 和 PDL 的参数难以提取等问题。本章通过引入三个参数因子来推导出插入一个中继线圈的 WPT 系统的 PTE 和 PDL 的表达式，并从推导出的公式出发，给出用图表判别法得到关于 PTE 和 PDL 的频率分裂的判断方案。频率分裂导致自谐振频率处的 PTE 和 PDL 减小。在频率分裂的传输区，本章提出使用优化耦合强度法来实现两个预设目标的电能传输：最大 PTE 传输和最大 PDL 传输。由于实现最大 PTE 的耦合系数与实现最大 PDL 的耦合系数不同，因此实现最大 PTE 时，对应的PDL 会较小；而实现最大 PDL 时，对应的 PTE 也较小。第三个优化目标是同时实现较大的 PTE 和 PDL 传输。最后，本章使用提出的判别法对插入一个中继线圈的 WPT 系统的传输特性进行分析，并通过实验测量予以证明。

4.2 系统特性分析

　　图 4-1(a) 示出插入一个中继线圈的 WPT 系统的等效电路图。图中 TX 为 WPT 系统的发射线圈，其等效电感为 L_1，C_1 为匹配调谐电容，R_1 为由发射线圈构成的谐振器上的等效损耗电阻；V_S 和 R_S 分别为等效电压源的均方根电压和电源内阻；ω 为 WPT 系统的工作角频率，f 为 WPT 系统的工作频率，它与 ω 的关系为 $\omega = 2\pi f$；RX 为 WPT 系统的接收线圈，其等效电感为 L_3，C_3 为匹配调谐电容，R_3 为由接收线圈构成的谐振器上的等效损耗电阻；R_L 为接收线圈上的负载电阻；IX 为 WPT 系统的中继线圈，其等效电感为 L_2，C_2

为匹配调谐电容，R_2 为由中继线圈构成的谐振器上的等效损耗电阻；k_{TR} 为收、发线圈间的传输耦合系数，k_{TI} 为发射线圈与中继线圈间的传输耦合系数，k_{IR} 为中继线圈与接收线圈间的传输耦合系数。

图 4-1(b) 示出了插入一个中继线圈的 WPT 系统的实际物理模型，该模型的等效电路如图 4-1(a) 所示。图中三线圈共轴且平行放置，角度 θ_{TX} 和角度 θ_{RX} 分别为线圈 TX 和 RX 的旋转角度，D_{TR}、D_{TI} 和 D_{IR} 分别为发射线圈与接收线圈间的传输距离、发射线圈与中继线圈间的传输距离和中继线圈与接收线圈间的传输距离。

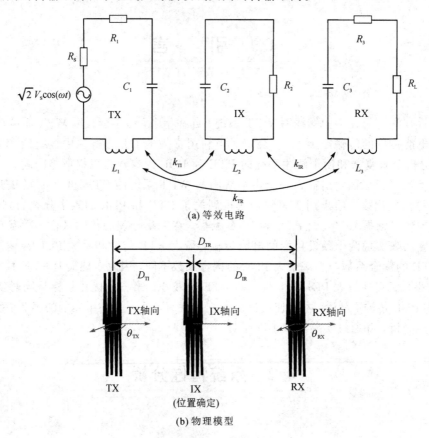

(a) 等效电路

(b) 物理模型

图 4-1 插入一个中继线圈的 WPT 系统

为简化推导系统传输特性的表达式，我们引入三个参数因子：电感比例因子 α_{21} 和 α_{31}（定义 $\alpha_{21}^2 = L_2/L_1$，$\alpha_{21} > 0$ 和 $\alpha_{31}^2 = L_3/L_1$，$\alpha_{31} > 0$）；电阻比例因子 β_{21} 和 β_{31}（定义 $\beta_{21}^2 = R_2/R_S'$，$\beta_{21} > 0$ 和 $\beta_{31}^2 = R_L'/R_S'$，$\beta_{31} > 0$，这里 $R_L' = R_3 + R_L$，$R_S' = R_1 + R_S$）；ω_v 为关于工作角频率 ω 的广义调谐因子，其表达式为 $\omega_v = Q_{S0}'\left(\dfrac{\omega}{\omega_0} - \dfrac{\omega_0}{\omega}\right)$，这里 Q_{S0}' 为在自谐振角频率

ω_0 处电源内阻加载到有损 TX 上的源加载品质因数，$Q'_{S0}=\omega_0 L_1/R'_S$。根据 KVL 列出 TX、IX、RX 上流过的电流 I_{TX}、I_{IX}、I_{RX} 的矩阵方程为

$$\begin{bmatrix} 1+j\omega_v & j\alpha_{21}k_{TI}Q'_S & j\alpha_{31}k_{TR}Q'_S \\ j\alpha_{21}k_{TI}Q'_S & \beta_{21}^2+j\alpha_{21}^2\omega_v & j\alpha_{21}\alpha_{31}k_{IR}Q'_S \\ j\alpha_{31}k_{TR}Q'_S & j\alpha_{21}\alpha_{31}k_{IR}Q'_S & \beta_{31}^2+j\alpha_{31}^2\omega_v \end{bmatrix} \begin{bmatrix} I_{TX} \\ I_{IX} \\ I_{RX} \end{bmatrix} = \begin{bmatrix} \dfrac{V_S}{R'_S} \\ 0 \\ 0 \end{bmatrix} \qquad (4-1)$$

式中，Q'_S 为在工作角频率 ω 处电源内阻加载到有损 TX 上的源加载品质因数，$Q'_S=\omega L_1/R'_S$。

一般情况下，条件 $k_{TR}\ll k_{TI}$ 和 $k_{TR}\ll k_{IR}$ 成立，这里忽略 TX 与 RX 间的耦合，解得各线圈上流过的电流为

$$I_{TX}=\frac{V_S A_2}{R'_S\left[A_1-(1+j\omega_v)A_2\right]} \qquad (4-2\text{a})$$

$$I_{IX}=\frac{V_S A_1/(\alpha_{21}k_{TI}Q'_S)}{-jR'_S\left[A_1-(1+j\omega_v)A_2\right]} \qquad (4-2\text{b})$$

$$I_{RX}=\frac{jV_S\alpha_{21}^2\alpha_{31}k_{TI}k_{IR}Q'^2_S}{-jR'_S\left[A_1-(1+j\omega_v)A_2\right]} \qquad (4-2\text{c})$$

式中

$$A_1=\alpha_{21}^2 k_{TI}^2 Q'^2_S(\beta_{31}^2+j\alpha_{31}^2\omega_v)$$

$$A_2=\alpha_{21}^2\alpha_{31}^2(\omega_v^2-k_{IR}^2 Q'^2_S)-j\omega_v(\alpha_{21}^2\beta_{31}^2+\alpha_{31}^2\beta_{21}^2)-\beta_{21}^2\beta_{31}^2$$

对于 TX 与 RX 间插入 $n-2$ 个中继线圈的多中继线圈 WPT 系统，在不考虑交叉耦合的情况下，系统的 PTE 和 PDL 关于工作频率和耦合系数的隐函数计算式可以通过反射电阻方法求得，即

$$\begin{aligned} \text{PTE} &= \frac{\text{Re}(Z_{\text{ref}12})}{R'_S+\text{Re}(Z_{\text{ref}12})}\left(\prod_{i=2}^{n-1}\frac{\text{Re}(Z_{\text{ref}i,i+1})}{R_i+\text{Re}(Z_{\text{ref}i,i+1})}\right)\frac{R_L}{R_n+R_L} \\ &= \frac{\text{Re}(Z_{\text{ref}12})/R'_S}{1+\text{Re}(Z_{\text{ref}12})/R'_S}\left(\prod_{i=2}^{n-1}\frac{\text{Re}(Z_{\text{ref}i,i+1})/R'_S}{\beta_{i1}^2+\text{Re}(Z_{\text{ref}i,i+1})/R'_S}\right)\frac{\beta_L^2}{\beta_{n1}^2} \end{aligned} \qquad (4-3)$$

$$\text{PDL}=\frac{V_S^2}{\text{Re}(Z_T)}\text{PTE}=\frac{V_S^2}{R'_S+\text{Re}(Z_{\text{ref}1,2})}\text{PTE} \qquad (4-4)$$

式中

$$\begin{aligned} Z_{\text{ref}i,i+1} &= \frac{(\omega M_{i,i+1})^2}{R_{i+1}+j\left[\omega L_{i+1}-\dfrac{1}{\omega C_{i+1}}\right]+Z_{\text{ref}i+1,i+2}} \\ &= \frac{Q'^2_S k_{i,i+1}^2\alpha_{i1}^2\alpha_{i+1,1}^2 R'_S}{\beta_{i+1,1}^2+j\alpha_{i+1,1}^2\omega_v+Z_{\text{ref}i+1,i+2}/R'_S}, \; i=1,2,\cdots,n-2 \end{aligned}$$

$$Z_{\text{ref }n-1,\,n} = \frac{(\omega M_{n-1,\,n})^2}{R_L + R_n + \text{j}\left[\omega L_n - \dfrac{1}{\omega C_n}\right]} = \frac{Q_S'^2 k_{n-1,\,n}^2 \alpha_{n-1,\,1}^2 \alpha_{n,\,1}^2 R_S'}{\beta_{n1}^2 + \text{j}\alpha_{n1}^2 \omega_v}$$

$$Z_T = R_S + Z_{\text{in}} = R_S + R_1 + \text{j}\left(\omega L_1 - \frac{1}{\omega C_1}\right) + Z_{\text{ref }12} = R_S'\left(1 + \text{j}\omega_v \alpha_{11}^2 + \frac{Z_{\text{ref }12}}{R_S'}\right)$$

$$\alpha_{i1}^2 = \frac{L_i}{L_1},\ i = 1, 2, \cdots, n$$

$$\beta_{i1}^2 = \frac{R_i}{R_S'},\ i = 1, 2, \cdots, n-1$$

$$\beta_{n1}^2 = \frac{R_n + R_L}{R_S'}$$

$$\beta_L^2 = \frac{R_L}{R_S'}$$

当考虑非自谐振角频率处的传输特性时，PTE 和 PDL 关于频率的表达式较为复杂，特别是当插入的中继线圈很多（n 值特别大）时。然而当插入的中继线圈较少，比如插入一个中继线圈（$n=3$）时，式(4-3)和式(4-4)中的 PTE 和 PDL 可写为

$$\text{PTE}_{3-\text{res}} = \frac{k_{\text{TI}}^2 k_{\text{IR}}^2 Q_S'^4 \beta_L^2 / \alpha_{31}}{(\omega_v^2)^2 + b_e \omega_v^2 + c_e} \tag{4-5}$$

$$\text{PDL}_{3-\text{res}} = \frac{V_S^2 k_{\text{TI}}^2 k_{\text{IR}}^2 Q_S'^4 \beta_L / (\alpha_{31}^2 R_S')}{(\omega_v^2)^3 + b_p(\omega_v^2)^2 + c_p \omega_v^2 + d_p} \tag{4-6}$$

式中

$$b_e = \frac{\beta_{21}^4}{\alpha_{21}^4} + \frac{\beta_{31}^4}{\alpha_{31}^4} + k_{\text{IR}}^2 Q_S'^2 \frac{\beta_{21}^2}{\alpha_{21}^2} - 2k_{\text{IR}}^2 Q_S'^2$$

$$c_e = \left(\frac{\beta_{21}^2 \beta_{31}^2}{\alpha_{21}^2 \alpha_{31}^2} + k_{\text{IR}}^2 Q_S'^2\right)^2 + k_{\text{TI}}^2 Q_S'^2 \frac{\beta_{31}^2}{\alpha_{31}^2}\left(\frac{\beta_{21}^2 \beta_{31}^2}{\alpha_{21}^2 \alpha_{31}^2} + k_{\text{IR}}^2 Q_S'^2\right)$$

$$b_p = \frac{\beta_{21}^4}{\alpha_{21}^4} + \frac{\beta_{31}^4}{\alpha_{31}^4} + 1 - 2Q_S'^2 (k_{\text{TI}}^2 + k_{\text{IR}}^2)$$

$$c_p = \frac{(k_{\text{TI}}^2 + k_{\text{IR}}^2)^2}{\alpha_{21}^2 \alpha_{31}^2} Q_S'^4 + 2\left[\left(\frac{\beta_{21}^2}{\alpha_{21}^2} - \frac{\beta_{31}^2}{\alpha_{31}^2}\right) k_{\text{TI}}^2 + \left(\frac{\beta_{21}^2 \beta_{31}^2}{\alpha_{21}^2 \alpha_{31}^2} - 1\right) k_{\text{IR}}^2\right] Q_S'^2 + \frac{\beta_{21}^4}{\alpha_{21}^4} + \frac{\beta_{31}^4}{\alpha_{31}^4} + \frac{\beta_{21}^4 \beta_{31}^4}{\alpha_{21}^4 \alpha_{31}^4}$$

$$d_p = \left[\left(\frac{\beta_{31}^2}{\alpha_{31}^2} k_{\text{TI}}^2 + k_{\text{IR}}^2\right) Q_S'^2 + \frac{\beta_{21}^2 \beta_{31}^2}{\alpha_{21}^2 \alpha_{31}^2}\right]^2$$

在式(4-5)和式(4-6)式中，为了与图 4-1 中插入一个中继线圈的 WPT 系统的耦合系数对应上，已将 k_{12} 和 k_{23} 分别修改为 k_{TI} 和 k_{IR}。

4.2.1 电能传输效率特性

本小节重点分析插入一个中继线圈的 WPT 系统的 PTE。PTE 定义为 PDL 与电源输

入到系统的电能和电源自身损耗的电能总和的比值，即

$$PTE = \frac{R_L |I_{RX}|^2}{R'_S |I_{TX}|^2 + R_2 |I_{IX}|^2 + R'_L |I_{RX}|^2}$$

$$= \frac{k_{TI}^2 k_{IR}^2 Q_S'^4 \beta_L^2 / \alpha_{31}^2}{(\omega_v^2)^2 + b_e \omega_v^2 + c_e} = \frac{k_{TI}^2 k_{IR}^2 \beta_L^2 / \alpha_{31}^2}{F(\omega, k_{TI}, k_{IR})} \quad (4-7)$$

式(4-7)也可以用反射电阻理论即式(4-5)求得。表达式 $F(\omega, k_{TI}, k_{IR}) = [(\omega_v^2)^2 + b_e \omega_v^2 + c_e] / Q_S'^4$，其中 ω_v^2 和 Q_S' 均为工作角频率 ω 的函数，要想获得 $F(\omega, k_{TI}, k_{IR})$（或者 PTE）关于 ω 的解析式较为困难。但是如果用某一确定的常量 Q'_{SCO} 代替变量 Q'_S 来计算 $F(\omega, k_{TI}, k_{IR})$ 的值，那么与用 Q'_S 来计算 $F(\omega, k_{TI}, k_{IR})$ 所获得的计算值几乎相同，这时 $F(\omega, k_{TI}, k_{IR})$ 的值简化为只与工作角频率 ω 有关，故 $F(\omega, k_{TI}, k_{IR})$ 关于频率的精确的解析式就可以得出。由 3.2.2 节中的分析及图 3-3 的说明得出，Q'_S 由 Q'_{S0}（即 Q'_{SCO} 在下标 CO=0 的情况）替代后，可获得较为精确的解析式，这时原式中的 b_e、c_e 改写成 b_{e0}、c_{e0}。将式(4-7)中分母提取出来并写成关于 ω_v^2 的函数 $p(\omega_v^2)$，即 $p(\omega_v^2) = (\omega_v^2)^2 + b_{e0} \omega_v^2 + c_{e0}$，明显 $\omega_v^2 \geqslant 0$。该表达式是关于 ω_v^2 的一元二次函数，因此其可以表示成关于 x 的一元二次函数，即 $p(x) = x^2 + b_{e0}x + c_{e0}$，这里 $x \in (-\infty, \infty)$。对函数 $p(x)$ 求关于 x 的一次导数得 $p'(x) = 2x + b_{e0}$，解方程 $p'(x) = 0$ 得 $p(x)$ 取得最小值时所对应的自变量值 $x_0 = -b_{e0}/2$。由式(4-7)知，当 $p(\omega_v^2)$ 最小时，得到的 PTE 最大。表 4-1 中绘出用于分析 PTE 频率分裂特性的 $p(x)$ 图像及其最值情况。利用图表分析 PTE 频率分裂状态的方法称为图表判别法。

表 4-1　用于分析 PTE 频率分裂特性的 $p(x)$ 图像及其最值情况

二次函数 $p(x)$ 图形，这里 $x \in (-\infty, \infty)$	③ $x=0$　② $x=0$　① $x=0$　　　　x_0　　$p(x):x_0$ 是极小值点		
x_0 位置	① $x_0 < 0$	② $x_0 = 0$	③ $x_0 > 0$
$p(\omega_v^2)$ 取极小值情况，$\omega_v^2 \geqslant 0$	$p(\omega_v^2 = 0)$	—	$p(\omega_v^2 = x_0)$
PTE 对应的耦合区	非频率分裂区	频率分裂的临界点	频率分裂区
PTE 极大值个数	1	—	2

从表 4-1 知，当 $x_0 < 0$ 时，系统的 PTE 处在非频率分裂区，PTE 的最大值出现在 $\omega_v^2 = 0$，即 $\omega = \omega_0$ 处；当 $x_0 > 0$ 时，系统的 PTE 处在频率分裂区，PTE 的两个极大值出现在分裂角频率 $\omega_{e-H/L}$ 处，可由式 $\omega_v^2 = x_0$ 解得：

$$\omega_{e-H/L} = \omega_0 \sqrt{1 + \frac{x_0}{2Q_{S0}'^2} \pm \frac{\sqrt{x_0(x_0 + 4Q_{S0}'^2)}}{2Q_{S0}'^2}} \quad (4-8)$$

将 $\omega_v^2 = 0$ 代入公式(4-7)，处于自谐振角频率处的电能传输效率 $\mathrm{PTE_0}$ 写作：

$$\mathrm{PTE_0} = \frac{k_{\mathrm{TI}}^2 k_{\mathrm{IR}}^2 Q_{\mathrm{S0}}'^4 \beta_{\mathrm{L}}^2 / \alpha_{31}^2}{[\beta_{21}^2 \beta_{31}^2 / (\alpha_{21}^2 \alpha_{31}^2) + k_{\mathrm{IR}}^2 Q_{\mathrm{S0}}'^2]^2 + [\beta_{21}^2 \beta_{31} / (\alpha_{21}^2 \alpha_{31}) + k_{\mathrm{IR}}^2 Q_{\mathrm{S0}}'^2] k_{\mathrm{TI}}^2 Q_{\mathrm{S0}}'^2 \beta_{31}^2 / \alpha_{31}^2}$$

$$(4-9)$$

4.2.2 负载获得功率特性

插入一个中继线圈的 WPT 系统的 PDL 可由式(4-6)算得，也可以用 $\mathrm{PDL} = R_{\mathrm{L}}|I_{\mathrm{RX}}|^2$ 计算。从 $\mathrm{PDL} = R_{\mathrm{L}}|I_{\mathrm{RX}}|^2$ 可知，当 R_{L} 固定时，PDL 的变化情况完全等同于 $|I_{\mathrm{RX}}|$ 的变化情况。由式(4-2c)可得到 $|I_{\mathrm{RX}}|$ 为：

$$|I_{\mathrm{RX}}| = \frac{V_s k_{\mathrm{TI}} k_{\mathrm{IR}} Q_{\mathrm{S}}'^2}{R_{\mathrm{S}}' \alpha_{31} \sqrt{(\omega_v^2)^3 + b_{\mathrm{p}}(\omega_v^2)^2 + c_{\mathrm{p}}\omega_v^2 + d_{\mathrm{p}}}} \qquad (4-10)$$

同样，式(4-10)中 Q_{S}' 可以被定量值 Q_{S0}' 替换，以简化对 $|I_{\mathrm{RX}}|$ 的分析。在 Q_{S}' 被替换成 Q_{S0}' 后，b_{p}、c_{p}、d_{p} 表示成 b_{p0}、c_{p0}、d_{p0}。提取式(4-10)中根号下的表达式，写成关于 ω_v^2 的函数 $q(\omega_v^2)$，即 $q(\omega_v^2) = (\omega_v^2)^3 + b_{\mathrm{p0}}(\omega_v^2)^2 + c_{\mathrm{p0}}\omega_v^2 + d_{\mathrm{p0}}(\omega_v^2 \geqslant 0)$。该表达式是关于 ω_v^2 的一元三次函数，因此其可以表示成关于 x 的一元三次函数，即 $q(x) = x^3 + b_{\mathrm{p0}}x^2 + c_{\mathrm{p0}}x + d_{\mathrm{p0}}$ $(x \in (-\infty, \infty))$。在数学上用 $q(x)$ 来研究 $|I_{\mathrm{RX}}|$ 的极值问题。对 $q(x)$ 求关于 x 的一次导数得 $q'(x) = 3x^2 + 2b_{\mathrm{p0}}x + c_{\mathrm{p0}}$，这里记参量 $\Delta = (2b_{\mathrm{p0}})^2 - 4(3c_{\mathrm{p0}})$，用于判断函数 $q(x)$ 出现极值的情况。

当 $\Delta < 0$ 时，$q'(x)$ 无解，$q(x)$ 随 x 的增大而单调增大，即无极小值，但 $q(\omega_v^2)$ 却有最小值，即 $q(\omega_v^2)$ 在 $\omega_v^2 = 0(\omega = \omega_0)$ 处有最小值 $q(0)$。这时 $|I_{\mathrm{RX}}|$ 只有在 $\omega = \omega_0$ 处取得最大值，对应的 $|I_{\mathrm{RX}}|$ 处于非频率分裂区。而对于 $\Delta > 0$ 和 $\Delta = 0$ 两种情况，$q(x)$ 的图像和极值情况及 $|I_{\mathrm{RX}}|$ 频率分裂情况列于表4-2中。表中的 x_1、x_2 为 $q(x)$ 的驻点，它们是在 $\Delta \geqslant 0$ 的情况下根据 $q'(x) = 0$ 求得的，且

$$x_1 = \frac{-b_{\mathrm{p0}} - \sqrt{b_{\mathrm{p0}}^2 - 3c_{\mathrm{p0}}}}{3} \qquad (4-11\mathrm{a})$$

$$x_2 = \frac{-b_{\mathrm{p0}} + \sqrt{b_{\mathrm{p0}}^2 - 3c_{\mathrm{p0}}}}{3} \qquad (4-11\mathrm{b})$$

从式(4-10)知，当 $q(\omega_v^2)$ 取得最小值时，$|I_{\mathrm{RX}}|$ 取得最大值。若 $\Delta > 0$，$x_1 < x_2 < 0$，则 $|I_{\mathrm{RX}}|$ 取得极大值的频点只出现一组，由 $\omega_v^2 = 0$ 计算得到，对应的一段传输距离称为非频率分裂区；若 $\Delta > 0$，$x_1 < 0 < x_2$，则 $|I_{\mathrm{RX}}|$ 取得极大值的频点出现两组，由 $\omega_v^2 = x_2$ 计算得到，对应的一段传输距离称为两频率分裂区；若 $\Delta > 0$，$0 < x_1 < x_2$，则 $|I_{\mathrm{RX}}|$ 取得极大值的频点出现三组，由 $\omega_v^2 = x_2$ 和 $\omega_v^2 = 0$ 计算得到，对应的一段传输距离称为三频率分裂区；若 $\Delta = 0$，$x_1 = x_2 \leqslant 0$，则 $|I_{\mathrm{RX}}|$ 取得极大值的频点只出现一组，由 $\omega_v^2 = 0$ 计算得到，对应的一段传输距离称为非频率分裂区。

表 4-2　用于分析 $|I_{RX}|$（或 PDL）的 $q(x)$ 图像和极值情况

	$\Delta>0$					$\Delta=0$	
$q(x)$ 图形，这里 $x\in(-\infty,\infty)$	左图 $x_1<x_2$，$q(x)$：x_1 是极大值位置，x_2 是极小值位置。标注 ⑤ $x=0$、④ $x=0$、③ $x=0$、① $x=0$、② $x=0$、x_1、x_2					右图 $x_1=x_2$，$q(x)$：无极值点。标注 ③ $x=0$、② $x=0$、① $x=0$、$x_1(x_2)$	
Δ 范围	$\Delta>0$					$\Delta=0$	
x_1 和 x_2 位置	① $x_1<x_2<0$	② $x_1<x_2=0$	③ $x_1<0<x_2$	④ $0=x_1<x_2$	⑤ $0<x_1<x_2$	① $x_1=x_2<0$ ② $x_1=x_2=0$	③ $0<x_1=x_2$
$q(\omega_v^2)$ 取极小值情况，$\omega_v^2\geqslant0$	$q(\omega_v^2=0)$	—	$q(\omega_v^2=x_2)$	—	$q(\omega_v^2=0)$ 和 $q(\omega_v^2=x_2)$	$q(\omega_v^2=0)$	—
$|I_{RX}|$ 对应的耦合区	非频率分裂区	频率分裂的临界点 1[a]	两频率分裂区	频率分裂的临界点 2[b]	三频率分裂区	非频率分裂区	频率分裂的临界点 3[c]
$|I_{RX}|$ 取得极大值时的分裂频率数	1	—	2		3	1	—

注：a 非频率分裂区与两频率分裂区的分界点；
　　b 两频率分裂区与三频率分裂区的分界点；
　　c 非频率分裂区与三频率分裂区的分界点。

区分非频率分裂区与频率分裂区，或区分有不同组数分裂频率的频率分裂区的三类分界点：一是当 $\Delta>0$，$x_1<x_2=0$ 时，出现的频率分裂的临界点为非频率分裂区与两频率分裂区的分界点；二是当 $\Delta>0$，$0=x_1<x_2$ 时，出现的频率分裂的临界点为两分裂频率区与三频率分裂区的分界点；三是当 $\Delta=0$，$0<x_1=x_2$ 时，出现的频率分裂的临界点为非频率分裂区与三频率分裂区的分界点。偏离自谐振角频率 ω_0 的另两个分裂角频率 $\omega_{p-H/L}$ 可通过解 $\omega_v^2=x_2$ 得到：

$$\omega_{p-H/L}=\omega_0\sqrt{1+\frac{x_2}{2Q_{S0}'^2}\pm\frac{\sqrt{x_2(x_2+4Q_{S0}'^2)}}{2Q_{S0}'^2}} \tag{4-12}$$

将 $\omega_v^2=0$ 代入式(4-10)，解得在自谐振角频率处流过 RX 的电流 $|I_{RX}|_0$ 的表达式为

$$|I_{RX}|_0=\frac{V_S k_{TI}k_{IR}Q_{S0}'^2}{R_S'\alpha_{31}\left[(k_{TI}^2\beta_{31}^2/\alpha_{31}^2+k_{IR}^2)Q_{S0}'^2+\beta_{21}^2\beta_{31}^2/(\alpha_{21}^2\alpha_{31}^2)\right]} \tag{4-13}$$

对于 TX 和 RX 间插入 $n-2$ 个中继线圈的 WPT 系统，基于反射电阻理论可分别得到 PTE 和 PDL 关于工作频率的广义调谐因子 ω_v^2 的 $n-1$ 次和 n 次方函数。

4.3　基于物理模型的理论阐释

本节主要用一个实际例子来阐明 4.2 节对插入一个中继线圈的 WPT 系统的理论分析。

4.3.1　不共轴线圈间互感与耦合距离及角度的关系

为分析 WPT 系统的传输特性与传输距离及线圈夹角的关系，需要将 4.2 节中的耦合系数转换成物理模型的距离和角度。两不共轴线圈耦合如图 4-2 所示。不共轴线圈间互感与耦合距离及角度的关系式可参考文献[10，11]，对文献[10]的互感计算进行改进得到适合本章计算互感的公式：

$$M = \frac{N_1 N_2 \sum\limits_{g=-m_1}^{g=m_1} \sum\limits_{p=-m_2}^{p=m_2} M(g,\,p)}{(2m_1+1)(2m_2+1)} \qquad (4-14)$$

式中，N_i 是线圈 $i(i=1,2)$ 的绕线匝数，m_i 为线圈 i 的高度细分的段数，

$$M(g,\,p)=\frac{\mu_0 \sqrt{r_1 r_2}}{\pi}\int_0^\pi \frac{\left[\cos\theta - \dfrac{y(p)}{r_2}\cos\phi\right]}{\sqrt{V^3}}\Psi(k)\,\mathrm{d}\phi$$

其中

$$V=\sqrt{1-\cos^2\phi\sin^2\theta - \frac{2y(p)}{r_2}\cos\phi\cos\theta + \frac{y^2(p)}{r_2^2}}$$

$$\Psi(k)=\left(\frac{2}{k}-k\right)K(k)-\frac{2}{k}E(k)$$

$$y(p)=S+\frac{H_2\sin\theta}{(2m_2+1)}p,\quad p=-m_2,\cdots,0,\cdots,m_2$$

$$k^2=\frac{4r_2 V}{r_1\left\{\left[1+\left(V\dfrac{r_2}{r_1}\right)\right]^2+\left[\dfrac{z(g,\,p)}{r_1}-\dfrac{r_2}{r_1}\cos\phi\sin\theta\right]^2\right\}}$$

$$z(g,\,p)=D+\frac{H_1}{2m_1+1}g-\frac{H_2\cos\theta}{2m_2+1}p,\quad g=-m_1,\cdots,0,\cdots,m_1,\ p=-m_2,\cdots,0,\cdots,m_2$$

H_i、r_i 分别是线圈 $i(i=1,2)$ 的高度、半径，D 和 S 分别为两线圈中心的纵向传输距离和

横向偏移距离，θ 为两线圈轴线间的夹角，$K(k)$ 和 $E(k)$ 分别为第一类和第二类完全椭圆积分函数，其表达式为

$$K(k)=\int_0^{\pi/2}\frac{1}{\sqrt{1-k^2\sin^2\xi}}\mathrm{d}\xi \tag{4-15a}$$

$$E(k)=\int_0^{\pi/2}\sqrt{1-k^2\sin^2\xi}\,\mathrm{d}\xi \tag{4-15b}$$

m_1 和 m_2 越大，计算出的互感精度越高，这里取 $m_1=m_2=5$，$S=0$ m。

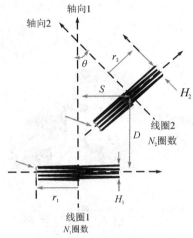

图 4-2　不共轴线圈间互感的计算

4.3.2　插入一个中继线圈的 WPT 系统的物理模型实现

我们使用三个相同的线圈，即相同的电感绕线和串联相同的集总电容，作为系统的 TX、IX 和 RX。线圈的物理参数：由 80 股、每股直径为 0.1 mm 的多股利兹线绕制，绕制的线圈半径为 15.75 cm，高度为 1.5 cm，圈数为 11。测量的电感、寄生电阻在设定的自谐振频率 $f_0=$ 1.96 MHz 处分别为 133 μH、5.1 Ω。算例设计参数：$R_S'=10.2$ Ω，$\alpha_{21}^2=\alpha_{31}^2=1$，$\beta_{21}^2=0.5$，$\beta_{31}^2=5$，$\beta_L^2=4.5$（$R_S=5.1$ Ω，$R_L=45.9$ Ω），$V_S=10$ V，TX 和 RX 间的传输距离 D_{TR} 设定为 70 cm，中继线圈 IX 与 TX 间的传输距离 D_{TI} 在 10～60 cm 间变化。

图 4-3 绘出用于分析 PTE 和 $|I_{RX}|$ 出现频率分裂情况的判断参数 $x_j(j=0,1,2)$ 和 Δ 的关系，其中图 4-3(b) 是图 4-3(a) 的局部放大图。结合图 4-3(a) 中 x_0 的值和表 4-1 中的判断条件，PTE 的频率分裂的临界点处于 $D_{TI}=0.408$ m 处，频率分裂区和非频率分裂区分别处于 $D_{TI}<0.408$ m 和 $D_{TI}>0.408$ m 内，忽略 TX 与 RX 间的交叉耦合时，PTE 与传输距离及归一化频率关系示于图 4-4(a)。在不同插入距离 D_{TI} 上，PTE 取得局部极大值的频率(FLM)用黑色实线绘出，其值由式(4-8)算得；在不同插入距离 D_{TI} 上，PTE 取得全频率域内极大值的频率(FM)用白色点线绘出，其值使用仿真器(MATLAB Simulator)搜索获得。在非频率分裂区

（$D_{TI} < 0.408$ m），FM 与 FLM 完全一样；在频率分裂区（$D_{TI} > 0.408$ m），FM 偏向于 FLM 的高频分支。在频率分裂程度大的区域，即两分裂频率间隔大的距离处，FM 偏离 FLM 高频分支的程度略增加（见图 4-4 中 D_{TI} 较大处白色点线与黑色实线走向），产生这种现象的原因是 FLM 是在定值 Q'_{S0} 条件下算得的。考虑 TX 和 RX 间交叉耦合影响算得的 PTE 如图 4-4(b)所示，由于交叉耦合的影响，FM 在频率分裂区内偏向于 FLM 的低频分支。比较图 4-4(a)和(b)可知，不论是否考虑交叉耦合的影响，获得最大 PTE 和发生 PTE 频率分裂的 D_{TI} 是一样的。因此，用简化模型(不考虑交叉耦合)能很好地揭示实际输能模型(存在交叉耦合)的传输特性。

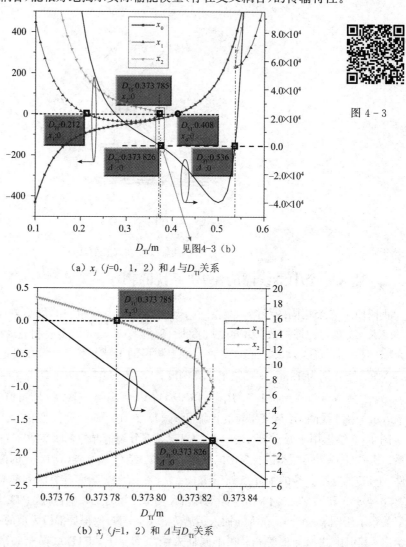

图 4-3

（a）x_j（$j=0$，1，2）和 Δ 与 D_{TI} 关系

（b）x_j（$j=1$，2）和 Δ 与 D_{TI} 关系

图 4-3　$D_{TR} = 70$ cm 条件下用于判断 PTE 和 PDL($|I_{RX}|$)频率分裂区域的判断参数

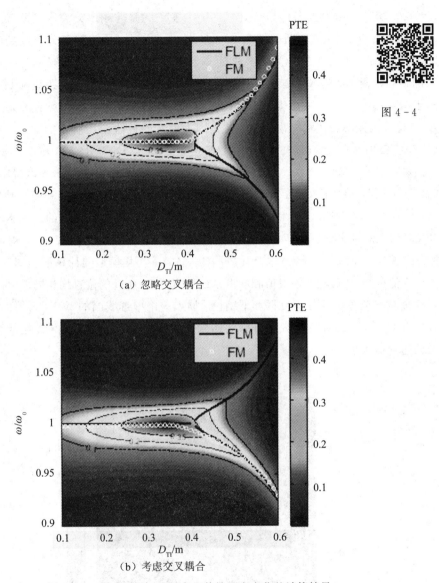

（a）忽略交叉耦合

图 4 - 4

（b）考虑交叉耦合

图 4 - 4　PTE 随归一化频率和传输距离变化的计算结果

　　根据 4.2.2 节关于负载获得功率特性的分析可知，当 0.373 785 m＜D_{TI}＜ 0.373 826 m（判断条件为 Δ＞ 0，x_1＜x_2＜ 0）、D_{TI}＝ 0.373 826 m（判断条件为 Δ＝ 0，x_1＝x_2＜ 0）和 0.373 826m＜D_{TI}＜ 0.536 m（判断条件为 Δ＜ 0），$|I_{RX}|$ 处于非频率分裂区；当 0.212m＜D_{TI}＜ 0.373 785 m（判断条件为 Δ＞ 0，x_1＜ 0 ＜x_2），$|I_{RX}|$ 处于两频率分裂区；当 D_{TI}＜ 0.212 m 和 D_{TI}＞ 0.536 m（判断条件为 Δ＞ 0，0 ＜x_1＜x_2），$|I_{RX}|$ 处于三频率分裂区。

$D_{TI}=0.373\,785$ m(判断条件为 $\Delta>0$，$x_1<x_2=0$)是非频率分裂区到两频率分裂区的临界距离；$D_{TI}=0.212$ m(判断条件为 $\Delta>0$，$0=x_1<x_2$)是两频率分裂区到三频率分裂区的临界距离；$D_{TI}=0.536$ m(判断条件为 $\Delta=0$，$0<x_1=x_2$)是非频率分裂区到三频率分裂区的临界距离。忽略 TX 与 RX 间交叉耦合影响时，$|I_{RX}|$ 与传输距离和归一化频率的关系示于图 4-5(a)。图 4-5 显示了 $|I_{RX}|$ 与归一化频率和传输距离的关系，而没有显示 PDL 与归一化频率和传输距离关系，这是因为前者的色阶图比后者的明显。在非频率分裂区($0.373\,785$ m$<D_{TI}<0.536$ m)和一个三频率分裂区($D_{TI}>0.536$ m)，FM 和 FLM 都是 f_0。在两频率分裂区(0.212 m$<D_{TI}<0.373\,785$ m)和另一个三频率分裂区($D_{TI}<0.212$ m)，FM 偏向于 FLM 的高频分支。考虑交叉耦合影响的 $|I_{RX}|$ 与传输距离和归一化频率的关系如图 4-5(b)所示，与图 4-5(a)中忽略交叉耦合的计算结果相比，两者的最大不同是，在 IX 靠近 TX 时出现的频率分裂区($D_{TI}<0.212$ m，0.212 m$<D_{TI}<0.373\,785$ m)内，在图 4-5(b)中的 FM 偏向于 FLM 的低频分支。比较图 4-5(a)中简化模型的计算值和图 4-5(b)中全模型的计算值可知，$|I_{RX}|$ 的最大值和取得该最大值时 IX 所处的位置均相同。

通过对本节算例的分析可得如下结论：插入一个中继线圈的 WPT 系统的 PTE 随着 IX 插入位置的变化最多在两个频率分裂处达到极大值，而 PDL($|I_{RX}|$)会在两个或三个频率分裂处达到极大值。

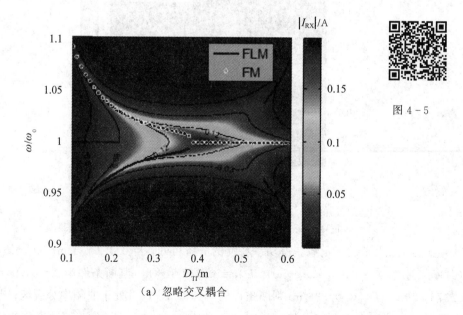

图 4-5

（a）忽略交叉耦合

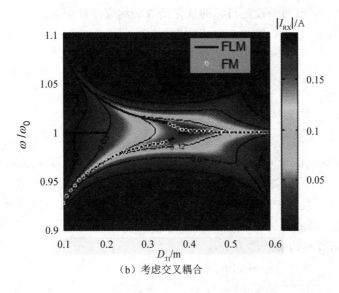

（b）考虑交叉耦合

图 4-5　$|I_{RX}|$ 随归一化频率和传输距离变化的计算结果

4.4　实现预定目标的优化分析

通过 4.3 节分析可知，当 IX 靠近 TX 或 RX 时，PTE 和 PDL 均会出现频率分裂现象，频率分裂的出现会导致在自谐振频率处 PTE 和 PDL 的值下降。本节通过优化 TX 与 IX 间的传输耦合系数 k_{TI} 和 IX 与 RX 间的传输耦合系数 k_{IR} 来实现在 f_0 处三个设定目标的电能传输：最大 PTE 传输、最大 PDL 传输及同时实现较大的 PTE 和 PDL 传输。MATLAB 优化工具箱将被用于本节的优化设计。同时，本节也将对提高 PTE 和 PDL 的频率追踪法与提出的优化方法进行对比。

4.4.1　设定优化目标函数和约束条件

如 4.3.2 节说明的那样，简化模型的解析式（4-7）和式（4-10）完全能够说明全模型的特性。当忽略 TX 和 RX 的交叉耦合时（即 $k_{TR} \ll k_{TI}$，$k_{TR} \ll k_{IR}$ 成立时），关于耦合系数矢量 $k\,(k = [k_{TI}, k_{IR}])$ 的函数式（4-9）和式（4-13）是实现上述三个设定目标的优化函数，当 TX、IX、RX 位于确定位置后，三线圈共轴且平行放置，即当图 4-1(b) 中角度 $\theta_{TX} = \theta_{RX} = 0°$ 成立时，耦合系数矢量达到最大值 k_{max}，且 $k_{max} = [k_{TI,\,max}, k_{IR,\,max}]$。使用 MATLAB 自

带的求解函数 $f_{\min con}$，前两个设定目标的优化函数和约束条件如下。

最大 PTE 传输：

$$\begin{cases} \min \text{fun}_1(\boldsymbol{k}) = 1 - \text{PTE}_0 \\ \text{s.t.} \, k_{TI} \leqslant k_{TI, \max}, \, k_{IR} \leqslant k_{IR, \max} \end{cases} \qquad (4-16)$$

最大 PDL 传输：

$$\begin{cases} \min \text{fun}_2(\boldsymbol{k}) = -(|I_{RX}|_0)^2 R_L \\ \text{s.t.} \, k_{TI} \leqslant k_{TI, \max}, \, k_{IR} \leqslant k_{IR, \max} \end{cases} \qquad (4-17)$$

我们提出折中优化法来同时实现较大的 PTE 和 PDL 传输，首先定义函数 FTO 为

$$\text{FTO} = \zeta \text{PTE}_0 + (1-\zeta)(|I_{RX}|_0)^2 R_L, \, 0 \leqslant \zeta \leqslant 1 \qquad (4-18)$$

式中，ζ 为权重因子，决定 PTE_0 和 $\text{PDL}_0(= |I_{RX}|_0^2 R_L)$ 的权重。当 $\zeta = 1$ 时，仅考虑对电能传输效率的优化；当 $\zeta = 0$ 时，仅考虑对负载获得功率的优化。同时实现较大的 PTE 和 PDL 传输的优化函数和约束条件为

$$\begin{cases} \min \text{fun}(\boldsymbol{k}) = -\text{FTO} \\ \text{s.t.} \, k_{TI} \leqslant k_{TI, \max}, \, k_{IR} \leqslant k_{IR, \max} \end{cases} \qquad (4-19)$$

当 $\zeta = 1$ 时，对式（4-19）的优化等效于对式（4-16）的优化；当 $\zeta = 0$ 时，对式（4-19）的优化等效于对式（4-17）的优化；可通过对 ζ 在 0 到 1 间的取值来调整 PTE 和 PDL 的大小。

4.4.2　数值结果

图 4-6(a)对比了利用以下四种方案获得的 PTE：在 f_0 处共轴平行放置三线圈的方案（方案一），在 f_0 处优化耦合系数矢量 $\boldsymbol{k}$ 以获得最大 PTE 为目标的方案（方案二），在 f_0 处优化耦合系数矢量 $\boldsymbol{k}$ 以获得最大 PDL 为目标的方案（方案三），利用频率追踪法以获得最大 PTE 为目标的方案（方案四）。最大耦合系数矢量 $\boldsymbol{k}_{\max} = [k_{TI, \max}, k_{IR, \max}]$（方案一）和为获得最大 PTE 所优化的耦合系数矢量 $\boldsymbol{k} = [k_{TI}, k_{IR}]$（方案二）绘制在图 4-6(b)中。当 $D_{TI} < 0.37$ m 时，利用方案一、方案二和方案四获得的 PTE 相同，出现这一现象的原因是当 IX 靠近 TX 时，PTE 的局部最大值只会出现在 f_0 处（参见图 4-4）。图 4-6(a)中，在频率分裂区（$D_{TI} > 0.41$ m），利用方案四获得的 PTE 大于利用方案一获得的 PTE。当 IX 靠近 RX 时，利用方案二获得的 PTE 均大于利用方案四和方案一获得的 PTE。例如，在 $D_{TI} = 0.5$ m 处，利用方案二获得的 PTE 较利用方案四和方案一获得的 PTE 分别提高 10% 和 18%。利用方案三获得的 PTE 始终小于利用方案二获得的 PTE。在图 4-6(b)中，获得最大 PTE 的优化耦合系数 k_{TI} 始终等于 $k_{TI, \max}$，而从 $D_{TI} > 0.37$ m 以后，k_{IR} 逐级偏离 $k_{IR, \max}$，原因是在方案一中，当 IX 向 TX 靠近时，$k_{TI, \max}$ 不够大而未能引起 PTE 频率分裂；而当 IX 向 RX 靠近时，$k_{IR, \max}$ 随着 D_{IR} 的减少而增大并致使 PTE 出现频率分裂。

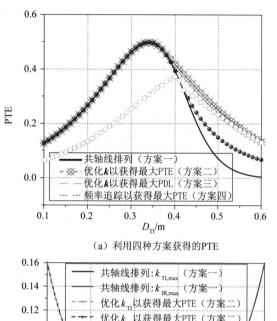

（a）利用四种方案获得的PTE

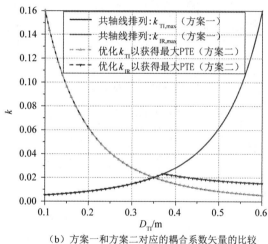

（b）方案一和方案二对应的耦合系数矢量的比较

图 4 - 6　利用不同方案获得的 PTE 的比较

　　图 4 - 7(a)对比了利用以下四种方案获得的 PDL：在 f_0 处共轴平行放置三线圈的方案（方案一），在 f_0 处优化耦合系数矢量 k 以获得最大 PTE 为目标的方案（方案二），在 f_0 处优化耦合系数矢量 k 以获得最大 PDL 为目标的方案（方案三），利用频率追踪法以获得最大 PDL 为目标的方案（方案四）。在非频率分裂区（0.373 785m＜D_{TI}＜ 0.536 m）（见图 4 - 3(a)和(b)）和 IX 靠近 RX 的频率分裂区（0.536 m＜D_{TI}＜ 0.6 m）（见图 4 - 3(a)），最大 PDL 只出现在 f_0 处（见图 4 - 5），所以当 0.373 785m＜D_{TI}＜ 0.6 m 时，利用方案一获得的最大 PDL 始终等于利用方案四获得的 PDL（见图 4 - 7(a)）。在 IX 靠近 TX 的频率分裂区（0.1m＜D_{TI}＜ 0.373 785 m）（见图 4 - 3(a)），由于最大 PDL 出现在分裂低频分支

（见图 4-5(b)），因此利用方案四获得的最大 PDL 大于利用方案一获得的 PDL。利用方案三获得的最大 PDL 在 $D_{TI} = 0.41$ m 两侧始终大于利用其他三种方案获得的 PDL。方案三所对应的优化耦合系数矢量 $\boldsymbol{k} = [k_{TI}, k_{IR}]$ 和方案一对应的耦合系数矢量 $\boldsymbol{k}_{max} = [k_{TI, max}, k_{IR, max}]$ 绘制在图 4-7(b)。

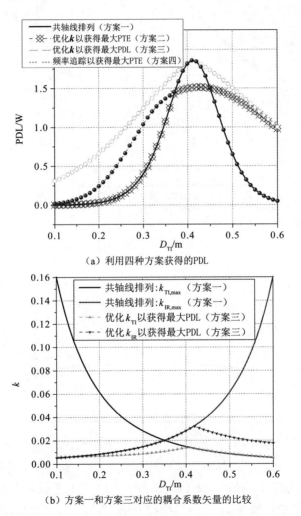

图 4-7

（a）利用四种方案获得的PDL

（b）方案一和方案三对应的耦合系数矢量的比较

图 4-7　利用不同方案获得的 PDL 的比较

图 4-8

基于图 4-6 和图 4-7 中的算例（$D_{TR} = 0.7$ m），可利用折中优化法在 $D_{TI} = 0.39$ m 处同时获得较大的 PTE 和 PDL，如图 4-8(a) 所示。在 $D_{TI} = 0.34$ m 处，PTE 的最大值为 50%，而此处对应的 PDL 仅为 0.9W；在 $D_{TI} = 0.41$ m 处，PDL 的最大值为 1.86 W，而此处对应的 PTE 仅为

36%。当优化权重因子 $\zeta = 0.75$ 时，利用折中优化法能够在 $D_{TI} = 0.39$ m 处得到相对较大的 PTE($= 43\%$) 和 PDL($= 1.72$ W)。通过调节权重因子 ζ，PTE 可以为 $36\% \sim 50\%$ 范围内的任意值，PDL 可以为 $0.9 \sim 1.86$ W 范围内的任意值。

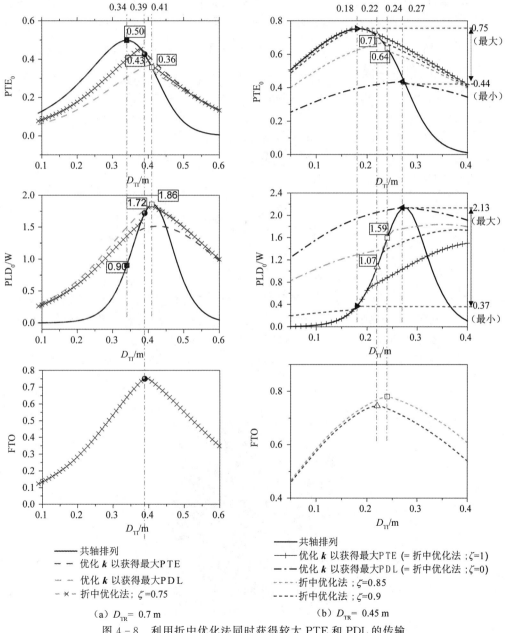

（a）$D_{TR} = 0.7$ m　　（b）$D_{TR} = 0.45$ m

图 4-8　利用折中优化法同时获得较大 PTE 和 PDL 的传输

图 4 - 8(b)中用另一算例($D_{TR} = 0.45$ m)进一步阐明利用折中优化法同时实现较大 PTE 和 PDL 传输的可行性。比较图 4 - 8(a)和(b)可知，获得最大 PTE 和最大 PDL 所对应的插入距离 D_{TI} 的相对距离宽度 DFW 在近的传输距离(D_{TR} 小)情况下要比在远的传输距离(D_{TR} 大)情况下大，这里 DFW 定义为获得最大 PDL 时 D_{TI} 值与获得最大 PTE 时 D_{TI} 值之差，再与传输距离 D_{TR} 求比值的百分数。例如，在 $D_{TR} = 0.45$ m 算例中的 DFW = $\dfrac{0.27-0.18}{0.45} = 20\%$，在 $D_{TR} = 0.70$ m 算例中的 DFW = $\dfrac{0.41-0.34}{0.7} = 10\%$，显然前者大于后者。由图 4 - 8(b)可看出，通过调节 ζ，D_{TI} 从 0.18m 变化到 0.27 m，任何相对较大值 PTE(PDL)从 44% 到 75%（从 0.37W 到 2.13 W）均可得到。例如，在 $D_{TI} = 0.22$ m（$\zeta = 0.9$）处时，获得的折中 PTE 和 PDL 分别为 71% 和 1.07 W；而在 $D_{TI} = 0.24$ m（$\zeta=0.85$），获得的折中 PTE 和 PDL 分别为 64% 和 1.59 W。

从图 4 - 8 和上述分析可知，本节提出的折中优化法能够使插入中继线圈的 WPT 系统同时实现较大的 PTE 和 PDL 传输。

4.5 实验验证

如图 4 - 9 所示，用两端口的矢量网络分析仪(E5071C)对插入一个中继线圈的 WPT 系统进行测量。可通过调节图 4 - 9 所示的实验测量平台和图中所示的角度来获得 4.4 节所需的优化耦合系数矢量 k。基于 50Ω 的端口阻抗值，矢量网络分析仪测得电能传输系统的 S 参数，这些 S 参数可以通过转化计算得到该网络两端加载任意电源内阻 R_S 和负载电阻 R_L 的 PTE 和 PDL[12, 13]。转化计算的示意图如图 2 - 7 所示，转化计算的公式见式(2 - 15a)、式(2 - 15b)。

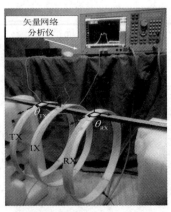

图 4 - 9　实验测量平台

4.5.1　对插入一个中继线圈的 WPT 系统特性的验证

按 4.3 节所述的物理模型制作待实测 WPT 系统。在四个不同的插入距离 D_{TI} 处，考虑交叉耦合和忽略交叉耦合影响的理论值与测量值的对比曲线如图 4 - 10 所示。

从图 4 - 10(a)看出，当 D_{TI} = 0.2 m、0.34 m、0.4 m(D_{TI}<0.41 m，PTE 处于理论上的非频率分裂区)时，PTE 的测量值仅会出现一个最大值；而当 D_{TI} = 0.5 m(D_{TI}>0.41 m，PTE 处于理论上的频率分裂区)时，PTE 的测量值同计算值一样，也存在两个局部极大值。

在不同 D_{TI} 处，$|I_{RX}|$ 与频率的关系如图 4 - 10(b)所示。在 D_{TI} = 0.15 m 和 D_{TI} = 0.55 m 处(D_{TI}< 0.212m 和 D_{TI}> 0.536 m，PTE 处于理论上的三频率分裂区)，测量的 $|I_{RX}|$ 曲线出现三个局部极大值点；同样在 D_{TI} = 0.3 m 处(0.212m<D_{TI}< 0.373 785 m，$|I_{RX}|$ 处于理论上的两频率分裂区)，测量的 $|I_{RX}|$ 曲线出现两个局部极大值点。测量的 $|I_{RX}|$ 曲线在 D_{TI} = 0.3 m 处出现两个局部极大值点表明：文献[1]中所指出的插入 n 个(n 为奇数)中继线圈的 WPT 系统会出现 n 个频率分裂区且在自谐振频率处一定存在局部极大值的结论是不准确的。在 D_{TI} = 0.41 m 处(0.373 785 m<D_{TI}< 0.536 m，$|I_{RX}|$ 处于理论上的非频率分裂区)，测量的 $|I_{RX}|$ 曲线仅在自谐振频率处出现最大值。

图 4 - 10 表明：对于插入一个中继线圈的 WPT 系统，PTE 的极大值最多出现在两频率分裂区内，PDL 的极大值最多出现在三频率分裂区内。

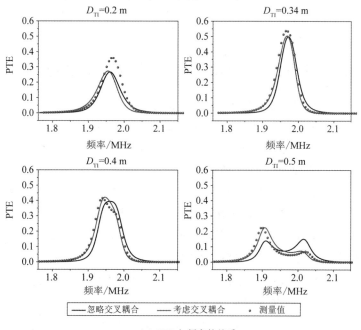

（a）PTE 与频率的关系

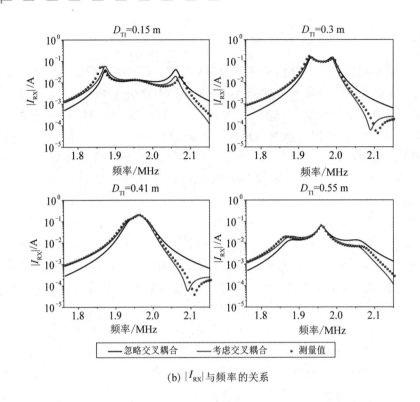

(b) $|I_{RX}|$ 与频率的关系

图 4-10　插入一个中继线圈 WPT 系统的测量和计算结果对照

4.5.2　对插入一个中继线圈的 WPT 系统预设目标实现的验证

为实现 4.4.2 节所述的三个预设目标，需将理论计算的耦合系数矢量 k 对应为优化角度矢量 $\boldsymbol{\theta} = [\theta_{TX}, \theta_{RX}]$（见图 4-1(b) 和图 4-9）。图 4-2 中横向偏移距离 $S = 0$ m，在不同传输距离 D 处，由式 (4-14)（其中 $M(g, p)$ 包含角度 θ）可获得两线圈间耦合系数与两线圈轴线间夹角 θ 的关系，如图 4-11 所示。

使用 4.3 节所述的物理模型，收发线圈间距离为 $D_{TR} = 0.7$ m。在 $D_{TI} = 0.45$ m 处，利用方案一和方案二（优化 k 对应为优化 $\boldsymbol{\theta}$）获得的 PTE 测量值和计算值对比曲线如图 4-12(a) 所示。由图 4-6(b) 和图 4-11 可以得到获得最大 PTE 的优化角度矢量 $\boldsymbol{\theta} = [\theta_{TX}, \theta_{RX}] = [0°, 75.4°]$。从图 4-12(a) 可知，PTE 的测量值与考虑交叉耦合影响时的理论计算值吻合得较好，利用优化角度方法在 f_0 处获得的 PTE 大于利用频率追踪法在分裂低频分支上获得的 PTE，利用优化角度方法通过调整 TX 和 RX 的旋转夹角角度可减小这两者的交叉耦合对系统特性的影响。类似地，在 $D_{TI} = 0.3$ m 处，利用方案一和方案三（优化 k 对应为优

化 $\boldsymbol{\theta}$）获得的 PDL 测量值和计算值对比曲线如图 4 - 12(b)所示。由图 4 - 7(b)和图 4 - 11 可以得到获得最大 PDL 的优化角度矢量 $\boldsymbol{\theta} = [\theta_{TX}, \theta_{RX}] = [79.7°, 0°]$。从图 4 - 12(b)可知，PDL 的测量值与考虑交叉偶合影响时的理论计算值吻合得较好，利用优化角度方法在 f_0 处获得的 PDL 大于利用频率追踪法在分裂低频分支上获得的 PDL。

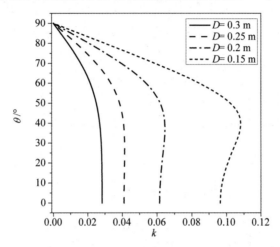

图 4 - 11　在不同传输距离处，两线圈轴线间夹角与两线圈间耦合系数的关系

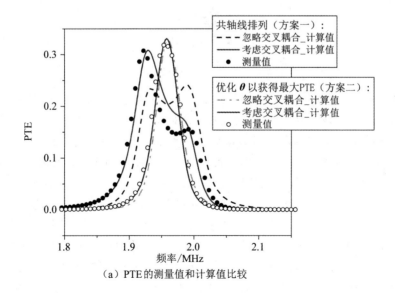

（a）PTE 的测量值和计算值比较

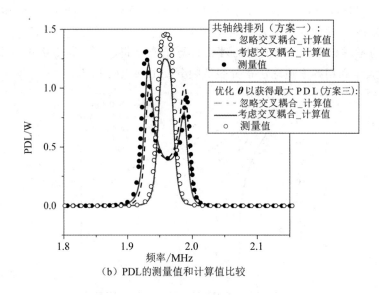

（b）PDL的测量值和计算值比较

图 4-12　共轴方案和优化角度方案的比较

利用折中优化方法同时实现较大的 PTE 和 PDL 传输，就是要调整 PTE 与 PDL 间的权重因子 ζ，对应到实际系统中就是调整 IX 插入到系统中的位置。

本 章 小 结

基于 CT，本章通过引入三个参数因子来推导插入多中继线圈的 WPT 系统的 PTE 和 PDL 关于工作频率和耦合系数的简明表达式。针对插入一个中继线圈的 WPT 系统的频率分裂特性难分析的问题，本章提出用图表判别法精确分析该系统的 PTE 和 PDL 的频率分裂情况。经过理论计算和实验验证说明：插入一个中继线圈的 WPT 系统的 PTE 最多会出现两频率分裂，而 PDL 随着线圈间位置的相对变化，会出现两频率分裂，也会出现三频率分裂的情况。基于基本优化算法，通过分析简化电路，本章提出了优化角度方法，即通过优化 TX 和 RX 轴线间的夹角以达到在 f_0 处实现最大 PTE 传输目标、最大 PDL 传输目标和同时实现较大的 PTE 和 PDL 传输目标。针对前两个优化目标，通过将优化角度方法与频率追踪法对比，指出本章提出的优化角度方法能获得更大的 PTE/PDL。针对第三个优化目标，我们在基本优化算法基础上，提出折中优化方法，即在优化目标函数中，对 PTE 和 PDL 设置权重因子 ζ，通过调整 ζ 来调整优化后 IX 插入 TX 与 RX 间的位置，从而实现较大的 PTE 和 PDL 传输目标。

　　针对多中继线圈 WPT 系统，特别是对插入一个中继线圈的 WPT 系统，本章提供了形象且明确的频率分析方法，根据该方法提出的优化方法对提高系统的 PTE 或 PDL 都很有效。

参 考 文 献

[1]　AHN D，HONG S. A study on magnetic field repeater in wireless power transfer [J]. IEEE Transactions on Industrial Electronics，2012，60(1)：360 – 371.

[2]　ZHANG F，HACKWORTH S A，Fu W，et al. Relay effect of wireless power transfer using strongly coupled magnetic resonances[J]. IEEE Transactions on Magnetics，2011，47(5)：1478 – 1481.

[3]　ZHANG X，HO S L，FU W N. Quantitative design and analysis of relay resonators in wireless power transfer system[J]. IEEE transactions on magnetics，2012，48 (11)：4026 – 4029.

[4]　KIM J W，SON H C，KIM K H，et al. Efficiency analysis of magnetic resonance wireless power transfer with intermediate resonant coil[J]. IEEE Antennas and Wireless Propagation Letters，2011，10：389 – 392.

[5]　JOW U M，GHOVANLOO M. Design and optimization of printed spiral coils for efficient transcutaneous inductive power transmission[J]. IEEE Transactions on biomedical circuits and systems，2007，1(3)：193 – 202.

[6]　RAMRAKHYANI A K，LAZZI G. On the design of efficient multi-coil telemetry system for biomedical implants[J]. IEEE Transactions on Biomedical Circuits and Systems，2012，7(1)：11 – 23.

[7]　ZHONG W X，ZHANG C，LIU X，et al. A methodology for making a three-coil wireless power transfer system more energy efficient than a two-coil counterpart for extended transfer distance[J]. IEEE Transactions on Power Electronics，2014，30 (2)：933 – 942.

[8]　SUN L，TANG H，ZHANG Y. Determining the frequency for load-independent output current in three-coil wireless power transfer system[J]. Energies，2015，8 (9)：9719 – 9730.

[9]　MIYAMOTO T，KOMIYAMA S，MITA H，et al. Wireless power transfer system

with a simple receiver coil［C］//2011 IEEE MTT-S International Microwave Workshop Series on Innovative Wireless Power Transmission：Technologies，Systems，and Applications. IEEE，Kyoto，Japan，12 – 13 May2011：131 – 134.

［10］ BABIC S I，AKYEL C. Calculating mutual inductance between circular coils with inclined axes in air［J］. IEEE Transactions on Magnetics，2008，44(7)：1743 – 1750.

［11］ AKYEL C，BABIC SI，MAHMOUDI M M. Mutual inductance calculation for non-coaxial circular air coils with parallel axes［J］. Progress In Electromagnetics Research，2009，91：287 – 301.

［12］ ZHANG J，CHENG C H. Quantitative investigation into the use of resonant magneto-inductive links for efficient wireless power transfer［J］. IET Microwaves，Antennas & Propagation，2016，10(1)：38 – 44.

［13］ POZAR D M. Microwave engineering［M］. 4th. New York：John Wiley & Sons，2011.

第 5 章　多发射线圈 WPT 系统高传输效率的参数配置技术

5.1　引　　言

多发射单接收线圈 WPT 系统能够有效提高无线电能传输的范围[1-12]。文献[1]和文献[2]中研究了三维空间的全向无线电能传输，其中发射器由经过精心排布的多个发射线圈组成，通过调整各发射线圈的馈电相位差来实现发射器在三维空间上的均匀磁场分布，从而实现全向稳定的无线电能传输。两发射单接收线圈 WPT 系统的 PTE 在过去十年被广泛地研究[3-9]，研究人员研究了系统获得最大 PTE 时接收线圈处在两发射线圈间的不同位置和传输路径上磁场的分布情况等。然而，为了在更广的范围内实现更大的 PTE 传输，需要对多发射单接收线圈 WPT 系统进行进一步的研究[10-12]。

本章基于 CT 详细分析了多发射单接收线圈 WPT 系统的通用模型，得到了获得系统最大 PTE 的两个约束条件：一是接收线圈加载最优负载电阻，二是加载到各发射线圈上的馈电电压比等于各发射线圈与接收线圈的互感比。在实验阶段，采用集总电压变换器实现各馈电电压的比值。相较于采用多个裂变电路，采用集总电压变换器具有设计简便、成本低等优点。本章最后的实验测量验证了理论分析和设计的正确性。

5.2　多发射单接收线圈 WPT 系统的理论分析

磁谐振 WPT 的磁场工作波长远远大于线圈尺寸和电能传输距离，因此，本章使用 CT 分析 WPT 系统的模型。图 5-1 所示为通用的多发射单接收线圈 WPT 系统的等效电路模型。图中，$TX_i(i=1,2,\cdots,n)$ 表示第 i 个发射线圈，M_{iR} 表示 TX_i 与接收线圈（RX）间的互感。L_R、R_R、C_R 分别表示接收线圈的等效自感、由接收线圈构成的谐振器上的等效损耗电阻、外接串联匹配调谐电容，L_i、R_i、C_i 分别表示第 i 个发射线圈的等效自感、由第

i 个发射线圈构成的谐振器上的等效损耗电阻、第 i 个发射线圈的外接串联匹配调谐电容，R_L 为接收线圈上的外接负载电阻。每个线圈与匹配调谐电容构成的各谐振器的自谐振角频率为 ω_0（$\omega_0 = \dfrac{1}{\sqrt{L_i C_i}} = \dfrac{1}{\sqrt{L_R C_R}}$）。

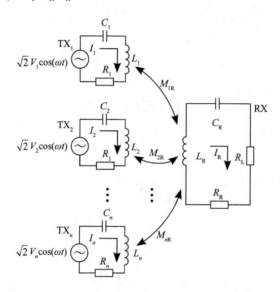

图 5-1 多发射单接收线圈 WPT 系统等效电路模型

利用 KVL 可得到图 5-1 所示的多发射单接收线圈 WPT 系统在工作角频率 ω 处的电气参数的关系为

$$
\begin{bmatrix} V_1 \\ V_2 \\ \vdots \\ V_n \\ 0 \end{bmatrix} = \begin{bmatrix} Z_1 & j\omega M_{12} & \cdots & j\omega M_{1n} & j\omega M_{1R} \\ j\omega M_{12} & Z_2 & \cdots & j\omega M_{2n} & j\omega M_{2R} \\ \vdots & \vdots & & \vdots & \vdots \\ j\omega M_{1n} & j\omega M_{2n} & \cdots & Z_n & j\omega M_{nR} \\ j\omega M_{1R} & j\omega M_{2R} & \cdots & j\omega M_{nR} & Z_R \end{bmatrix} \times \begin{bmatrix} I_1 \\ I_2 \\ \vdots \\ I_n \\ I_R \end{bmatrix} \tag{5-1}
$$

式中，V_i 和 I_i（$i=1, 2, \cdots, n$）分别是馈电源的均方根电压（简称馈电电压）和流过各发射线圈（TX_i）的均方根电流，并且所有的 V_i 是同相的；Z_i 和 Z_R 分别是各发射线圈和单个接收线圈的阻抗，$Z_i = R_i + j\left(\omega L_i - \dfrac{1}{\omega C_i}\right)$ 和 $Z_R = R_R + R_L + j\left(\omega L_R - \dfrac{1}{\omega C_R}\right)$；$I_R$ 是流过接收线圈（RX）电流。相比较与 TX_i 与 RX 间的互感 M_{iR}，各发射线圈间的互感 M_{ij}（$i, j = 1, 2, \cdots, n$，且 $i \neq j$）很小，分析时可忽略，即 $M_{ij} = 0$。由此，在 $M_{ij} = 0$ 和谐振条件 $\omega L_i - \dfrac{1}{\omega C_i}\Big|_{\omega=\omega_0} = 0$ 情况下，公式（5-1）可简化为

$$
\begin{bmatrix} V_1 \\ V_2 \\ \vdots \\ V_n \\ 0 \end{bmatrix} = \begin{bmatrix} R_1 & 0 & \cdots & 0 & \mathrm{j}\omega_0 M_{1\mathrm{R}} \\ 0 & R_2 & \cdots & 0 & \mathrm{j}\omega_0 M_{2\mathrm{R}} \\ \vdots & \vdots & & \vdots & \vdots \\ 0 & 0 & \cdots & R_n & \mathrm{j}\omega_0 M_{n\mathrm{R}} \\ \mathrm{j}\omega_0 M_{1\mathrm{R}} & \mathrm{j}\omega_0 M_{2\mathrm{R}} & \cdots & \mathrm{j}\omega_0 M_{n\mathrm{R}} & R_\mathrm{R} + R_\mathrm{L} \end{bmatrix} \times \begin{bmatrix} I_1 \\ I_2 \\ \vdots \\ I_n \\ I_\mathrm{R} \end{bmatrix} \tag{5-2}
$$

根据式(5-2)可将流过 TX_i 和 RX 的电流 I_i 和 I_R 合并成如下两个方程：

$$
V_i = R_i I_i + \mathrm{j}\omega_0 M_{i\mathrm{R}} I_\mathrm{R}, \quad i = 1, 2, \cdots, n \tag{5-3}
$$

$$
0 = \sum_{i=1}^{n} \mathrm{j}\omega_0 M_{i\mathrm{R}} I_i + (R_\mathrm{R} + R_\mathrm{L}) I_\mathrm{R} \tag{5-4}
$$

通过解式(5-3)，可将 I_i 表示成关于 I_R 的函数，即

$$
I_i = \frac{V_i - \mathrm{j}\omega_0 M_{i\mathrm{R}} I_\mathrm{R}}{R_i} \tag{5-5}
$$

将式(5-5)代入式(5-4)得

$$
I_\mathrm{R} = - \frac{\displaystyle\sum_{i=1}^{n} \frac{\mathrm{j}\omega_0 M_{i\mathrm{R}} V_i}{R_i}}{\displaystyle\sum_{i=1}^{n} \frac{(\omega_0 M_{i\mathrm{R}})^2}{R_i} + R_\mathrm{R} + R_\mathrm{L}} \tag{5-6}
$$

联立式(5-3)和式(5-6)并求解得

$$
\frac{I_i}{I_\mathrm{R}} = - \frac{V_i}{R_i} \times \frac{\displaystyle\sum_{t=1}^{n} \frac{(\omega_0 M_{t\mathrm{R}})^2}{R_t} + R_\mathrm{R} + R_\mathrm{L}}{\displaystyle\sum_{t=1}^{n} \frac{\mathrm{j}\omega_0 M_{t\mathrm{R}} V_t}{R_t}} - \frac{\mathrm{j}\omega_0 M_{i\mathrm{R}}}{R_i} \tag{5-7}
$$

多发射单接收线圈 WPT 系统的 PTE 可表示为

$$
\begin{aligned}
\mathrm{PTE} &= \frac{R_\mathrm{L} |I_\mathrm{R}|^2}{\displaystyle\sum_{i=1}^{n} R_i |I_i|^2 + (R_\mathrm{R} + R_\mathrm{L}) |I_\mathrm{R}|^2} \\
&= \frac{R_\mathrm{L}}{\displaystyle\sum_{i=1}^{n} R_i \left| \frac{I_i}{I_\mathrm{R}} \right|^2 + (R_\mathrm{R} + R_\mathrm{L})}
\end{aligned} \tag{5-8}
$$

将式(5-7)代入式(5-8)得

$$
\mathrm{PTE} = \frac{R_\mathrm{L}}{\dfrac{\displaystyle\sum_{i=1}^{n} \left\{ R_i \left[\dfrac{(R_\mathrm{R} + R_\mathrm{L}) V_i}{R_i} + \omega_0^2 \displaystyle\sum_{t \neq i}^{n} \dfrac{M_{t\mathrm{R}}(M_{t\mathrm{R}} V_i - M_{i\mathrm{R}} V_t)}{R_i R_t} \right]^2 \right\}}{\left(\omega_0 \displaystyle\sum_{i=1}^{n} \dfrac{M_{i\mathrm{R}} V_i}{R_i} \right)^2} + R_\mathrm{R} + R_\mathrm{L}}
$$

$$
\tag{5-9}
$$

由式(5-9)可知，在负载电阻 R_L 不变的条件下，要得到系统的最优电能传输效率 PTE'_{OPT}，需满足 $M_{tR}V_i - M_{iR}V_t = 0$，即

$$\frac{V_i}{V_t} = \frac{M_{iR}}{M_{tR}} \tag{5-10}$$

当满足式(5-10)的条件时，得到 PTE'_{OPT} 的表达式为

$$\text{PTE}'_{\text{OPT}} = \frac{R_L \omega_0^2 \sum_{i=1}^{n} \dfrac{M_{iR}^2}{R_i}}{(R_R + R_L)\left(R_R + R_L + \omega_0^2 \sum_{i=1}^{n} \dfrac{M_{iR}^2}{R_i}\right)}$$

$$= \frac{\omega_0^2 \sum_{i=1}^{n} \dfrac{M_{iR}^2}{R_i}}{R_L + \dfrac{R_R\left(R_R + \omega_0^2 \sum_{i=1}^{n} \dfrac{M_{iR}^2}{R_i}\right)}{R_L} + 2R_R + \omega_0^2 \sum_{i=1}^{n} \dfrac{M_{iR}^2}{R_i}} \tag{5-11}$$

基于式(5-11)，由表达式 $R_L = R_R \dfrac{R_R + \omega_0^2 \sum_{i=1}^{n} \dfrac{M_{iR}^2}{R_i}}{R_L}$ 求得最优负载电阻 $R_{L,\text{OPT}}$ 为

$$R_{L,\text{OPT}} = R_R \sqrt{1 + \frac{\omega_0^2}{R_R} \sum_{i=1}^{n} \frac{M_{iR}^2}{R_i}} \tag{5-12}$$

用 $R_{L,\text{OPT}}$ 替换式(5-11)中的 R_L，可求得系统的最优电能传输效率 PTE_{OPT} 为

$$\text{PTE}_{\text{OPT}} = \frac{\sqrt{1 + \dfrac{\omega_0^2}{R_R} \sum_{i=1}^{n} \dfrac{M_{iR}^2}{R_i}} - 1}{\sqrt{1 + \dfrac{\omega_0^2}{R_R} \sum_{i=1}^{n} \dfrac{M_{iR}^2}{R_i}} + 1} \tag{5-13}$$

设定参数

$$A_n = \sqrt{1 + \frac{\omega_0^2}{R_R} \sum_{i=1}^{n} \frac{M_{iR}^2}{R_i}} \tag{5-14}$$

利用式(5-14)，可以将式(5-12)和式(5-13)表示为

$$R_{L,\text{OPT}} = R_R A_n \tag{5-15}$$

$$\text{PTE}_{\text{OPT}} = \frac{R_{L,\text{OPT}} - R_R}{R_{L,\text{OPT}} + R_R} = \frac{A_n - 1}{A_n + 1} \tag{5-16}$$

用于计算多发射单接收线圈 WPT 系统的最优负载电阻和最优电能传输效率的表达式(5-15)和表达式(5-16)的形式与文献[13]中用于计算多接收单发射线圈 WPT 系统的最优负载电阻和最优电能传输效率的表达式的形式相同。根据式(5-15)和式(5-16)可知，$R_{L,\text{OPT}}$ 和

PTE_{OPT} 随着发射线圈数量的增加而增大，这是由于随着发射线圈数量的增加，各发射线圈与接收线圈间的总耦合互感之和增大，并且多发射谐振器并联的等效电阻之和减小。

5.3　数值计算与实验验证

本节利用 MATLAB 软件对 5.2 节的理论分析部分进行数值计算。本章中使用多发射单接收线圈 WPT 系统是为了提高整个系统的 PTE。为了与理论分析中忽略发射线圈间的互感设定相一致并且使系统制作简便，本节中设计的多发射线圈的尺寸相同且比接收线圈的小。系统中的发射线圈与接收线圈边对边放置，这样放置的目的是便于实现多发射线圈与单接收线圈间互感易调的效果。

探究优化系统电能传输效率的研究区域如图 5-2 所示，其中，研究区域为图中的灰色圆形区域，区域中心点为 O，该点也是图中直角坐标系的原点。多个发射线圈均匀围绕在研究区域外放置。图中实线圆为接收线圈 RX，其中心点为 O'，O' 始终在研究区域内移动。接收线圈和研究区域的半径分别为 r_{RX} 和 r_{SAi}，其中 $i(i = 2，\cdots，n)$ 表示不同发射线圈的个数。图 5-3 分别给出了含有两个、三个、四个发射线圈的 WPT 系统的空间布局，其中发射线圈的半径为 r_{TX}，发射线圈间的距离均为 D_T。由图可得含有两个、三个、四个发射线圈的 WPT 系统的研究区域的半径分别为 $r_{SA2} = (D_T/2) - (r_{TX} + r_{RX})$、$r_{SA3} = (D_T/\sqrt{3}) - (r_{TX} + r_{RX})$、$r_{SA4} = (D_T/\sqrt{2}) - (r_{TX} + r_{RX})$，明显有 $r_{SA2} < r_{SA3} < r_{SA4}$。表 5-1 给出系统的相关参数信息。

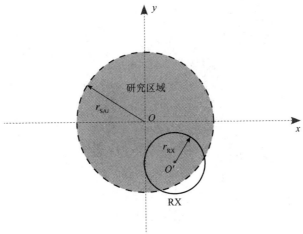

图 5-2　探究优化系统电能传输效率的研究区域

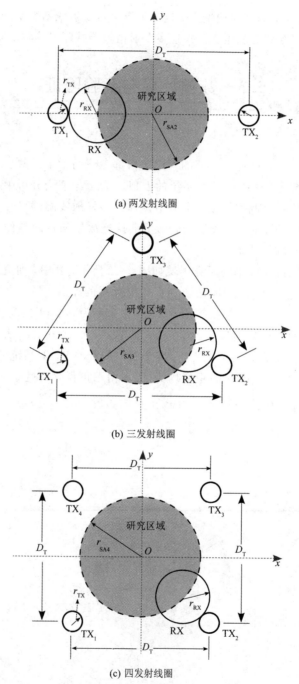

(a) 两发射线圈

(b) 三发射线圈

(c) 四发射线圈

图 5-3　多发射单接收线圈 WPT 系统空间布局

表 5 - 1 系统的相关参数

参　数	值
D_T	1 m
r_{TX}	5.5 cm
r_{RX}	15.75 cm
r_{SA2}	29 cm
r_{SA3}	36.9 cm
r_{SA4}	49.5 cm
TX 的圈数	25
RX 的圈数	11
TX 的高度	3.4 cm
RX 的高度	1.5 cm

图 5 - 4(a)示出两发射单接收线圈 WPT 系统在馈电电压比 $V_1 : V_2 = 1 : 5$ 和负载电阻 $R_L = 10\ \Omega$ 的条件下，研究区域内系统的 PTE 的分布情况。从图可知，由于 TX_2 加载的馈电电压较高，因此三个 PTE 均达到 35% 以上的区域出现在 TX_2 附近。同时，在该种情况下，系统的 PTE 随着 RX 和 TX_2 间距离的缩短而单调增大。图 5 - 4(b)示出在优化馈电电压比 $V_1 : V_2 = M_{1R} : M_{2R}$ 和负载电阻 $R_L = 10\ \Omega$ 的条件下，研究区域内系统的最优电能传输效率 PTE'_{OPT} 的分布情况。与图 5 - 4(a)中未作任何优化得到的 PTE 相比，图 5 - 4(b)中的 PTE 明显大，且最大值出现在靠近两发射线圈处。图 5 - 4(c)示出在优化馈电电压比 $V_1 : V_2 = M_{1R} : M_{2R}$ 和负载电阻 $R_L = R_{L, OPT}$ 的条件下，研究区域内系统的最优电能传输效率 PTE_{OPT} 的分布情况，这里的 $R_{L, OPT}$ 由图 5 - 4(d)给出。与图 5 - 4(c)相比，进一步观察可知，系统的最优电能传输效率 PTE_{OPT} 的值进一步增大。

图 5 - 4

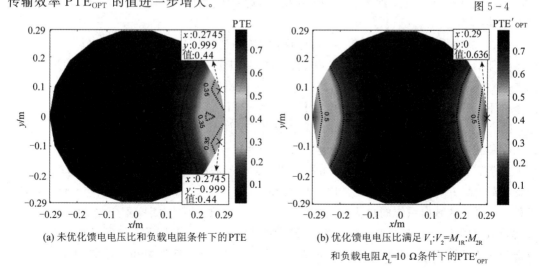

(a) 未优化馈电电压比和负载电阻条件下的PTE

(b) 优化馈电电压比满足 $V_1 : V_2 = M_{1R} : M_{2R}$
和负载电阻 $R_L = 10\ \Omega$ 条件下的 PTE'_{OPT}

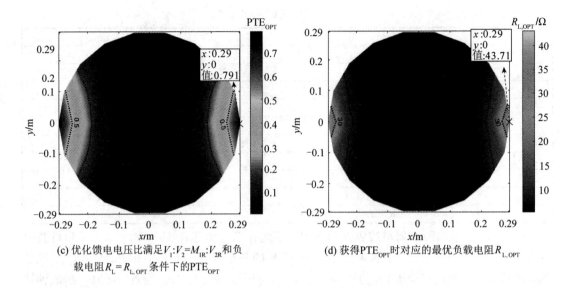

(c) 优化馈电电压比满足$V_1:V_2=M_{1R}:V_{2R}$和负载电阻$R_L=R_{L,OPT}$条件下的PTE_{OPT}

(d) 获得PTE_{OPT}时对应的最优负载电阻$R_{L,OPT}$

图 5-4　两发射单接收线圈 WPT 系统的数值计算情况

图 5-5(a)和图 5-6(a)分别给出负载电阻 $R_L=10\ \Omega$，含有三个和四个发射线圈的 WPT 系统在馈电电压比分别为 $V_1:V_2:V_3=1:5:10$ 和 $V_1:V_2:V_3:V_4=1:5:10:20$ 的条件下系统的 PTE。最大电能传输效率值出现在馈电电压最高的发射线圈附近且偏向馈电电压线次高的发射圈的位置处。例如，对于三发射单接收线圈 WPT 系统，最大的 PTE($=0.2616$)对应的坐标$(0.058,0.33)$在靠近 TX_3 且偏向 TX_2 一侧处。类似地，对于四发射单接收 WPT 线圈系统，最大的 PTE($=0.24$)对应的坐标$(-0.25,0.43)$在靠近 TX_4 且偏向 TX_3 一侧处，次大的 PTE($=0.04$)对应的坐标$(0.23,0.39)$在靠近 TX_3 且偏向 TX_4 一侧处。

图 5-5(b)绘出在负载电阻 $R_L=10\ \Omega$、优化馈电电压比为 $V_1:V_2:V_3=M_{1R}:M_{2R}:M_{3R}$ 的条件下，研究区域内系统的最优电能传输效率 PTE'_{OPT} 随接收线圈位置变化的情况。图 5-5(c)绘出在负载电阻 $R_L=R_{L,OPT}$、优化馈电电压比为 $V_1:V_2:V_3=M_{1R}:M_{2R}:M_{3R}$ 的条件下，研究区域内系统的最优电能传输效率 PTE_{OPT} 随接收线圈位置变化的情况。其中，最优负载电阻 $R_{L,OPT}$ 随接收线圈位置的变化情况如图 5-5(d)所示。类似地，图 5-6(b)绘出在负载电阻 $R_L=10\ \Omega$、优化馈电电压比为 $V_1:V_2:V_3:V_4=M_{1R}:M_{2R}:M_{3R}:M_{4R}$ 条件下，研究区域内系统的最优电能传输效率 PTE'_{OPT} 随接收线圈位置变化的情况。图 5-6(c)绘出在负载电阻 $R_L=R_{L,OPT}$、优化馈电电压比为 $V_1:V_2:V_3:V_4=M_{1R}:M_{2R}:M_{3R}:M_{4R}$ 条件下，研究区域内系统的最优电能传输效率 PTE_{OPT} 随接收线圈位置变化的情况。其中，最优负载电阻 $R_{L,OPT}$ 随接收线圈位置的变化情况如图 5-6(d)所示。显而易见，在上述两发射单接收线圈 WPT 系统、三发射单接收线圈 WPT 系统、四发射单接收线圈 WPT 系统

中，无论接收线圈处在研究区域的哪个位置，总会有 $PTE_{OPT} > PTE'_{OPT} >$ PTE 成立。并且这三个系统均在接收线圈离任一个发射线圈距离为 $r_{TX} + r_{RX}$ 处获得 PTE_{OPT} 的最大值，且最大值均为 0.791。理论分析和算例计算结果表明，在满足馈电电压比等于互感比和加载最优负载电阻的条件下，PTE_{OPT} 的最大值取决于接收线圈与其距离最近的发射线圈间的互感值。

图 5-5

通过比较含有不同个数发射线圈的 WPT 系统可以发现，有效充电区域随着发射线圈个数的增加而增大。因此使用多发射线圈 WPT 系统能够有效提高无线充电的范围。

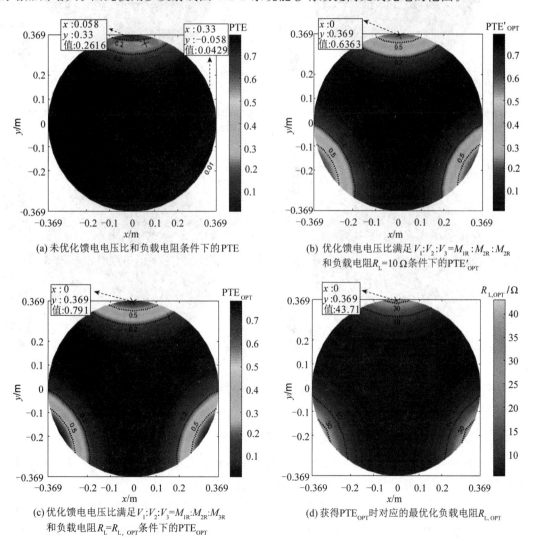

图 5-5　三发射单接收线圈 WPT 系统的数值计算情况

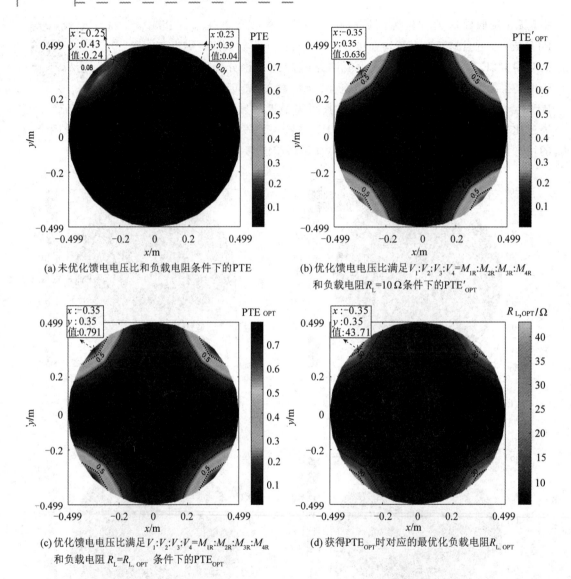

(a) 未优化馈电电压比和负载电阻条件下的PTE

(b) 优化馈电电压比满足$V_1:V_2:V_3:V_4=M_{1R}:M_{2R}:M_{3R}:M_{4R}$
和负载电阻$R_L=10\,\Omega$条件下的PTE$'_{OPT}$

(c) 优化馈电电压比满足$V_1:V_2:V_3:V_4=M_{1R}:M_{2R}:M_{3R}:M_{4R}$
和负载电阻$R_L=R_{L,OPT}$条件下的PTE$_{OPT}$

(d) 获得PTE$_{OPT}$时对应的最优化负载电阻$R_{L,OPT}$

图 5-6 四发射单接收线圈 WPT 系统的数值计算情况

针对图 5-4、图 5-5、图 5-6 关于两发射单接收、三发射单接收、四发射单接收线圈 WPT 系统的电能传输效率的研究，有两点需要在此处阐明：

（1）在上述三种多发射线圈 WPT 系统中，最优电能传输效率的最大值均是在接收线圈最靠近某个发射线圈处取得的，且最优电能传输效率的最大值均为 0.791。这里的最靠近是指接收线圈与某个发射线圈的距离等于两线圈的半径和。这是因为算例中发射线圈间

的距离 $D_T = 1$ m，远大于收发线圈的尺寸，使得接收线圈与离其最近的发射线圈的互感值远大于接收线圈与其他发射线圈间的互感值，达到五倍量级。

（2）对于 WPT 系统来说，不仅用 PTE 衡量其性能，而且系统的 PDL 也是衡量其性能的重要参数。高的电能传输效率意味着低的系统损耗。然而，即使在高电能传输效率的情况下，若系统的馈电功率是有限的，则系统的 PDL 也不会太大。具体的 PDL 值需要在各线圈的馈电电压值给定的情况下得到。设定基准参考电压 $V_0 = 1$ V 和基准参考互感 $M_{0R} = 10^{-5}$ H，根据馈电电压的比值 $V_0 : V_1 : \cdots : V_n = M_{0R} : M_{1R} : \cdots : M_{nR}$ 和接收线圈不同位置处各发射线圈与接收线圈的互感值 $M_{jR}(j = 0, \cdots, n)$，可确定最优电能传输效率情况下各发射线圈的馈电电压 $V_i(i = 1, \cdots, n)$。图 5-7 给出了两发射单接收、三发射单接收、四发射单接收线圈 WPT 系统的发射线圈 TX_1 的馈电电压值随接收线圈位置变化的关系，其他发射线圈 $TX_k(k = 2, \cdots, n)$ 的馈电电压值与 TX_1 的馈电电压值关于研究区域的圆心对称。在使用图 5-7 中的馈电电压和图 5-4(d)、图 5-5(d)、图 5-6(d) 中的优化负载条件，即满足最优电能传输效率 PTE_{OPT} 条件时，两发射单接收、三发射单接收、四发射单接收线圈 WPT 系统的负载获得功率 PDL_{PTE}（注：PDL_{PTE} 是在获得最优电能传输效率时，系统的 PDL 的表示符号）随接收线圈位置变化的关系如图 5-8 所示。由图可知，当馈电电压为 0.74 V 时，可得到最大的 $PDL_{PTE}(= 0.26$ W)，这一功率可满足低功耗显示设备和无线传感网节约电能的需求，因此本章研究具有现实意义。

由于多发射线圈间相距较远，使得两发射单接收、三发射单接收、四发射单接收线圈 WPT 系统在满足最大 PTE 传输时，需提供的最大馈电电压和获得的 PDL 是相同的。

图 5-7

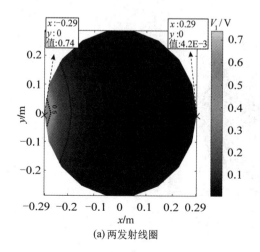

(a) 两发射线圈

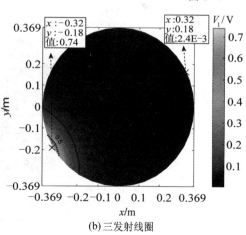

(b) 三发射线圈

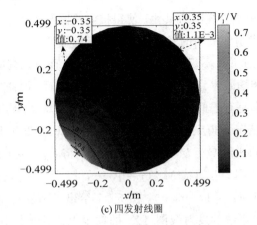

(c) 四发射线圈

图 5 - 7　在最优电能传输效率 PTE_{OPT} 条件下，发射线圈 TX_1 的馈电电压值随接收线圈位置变化的关系

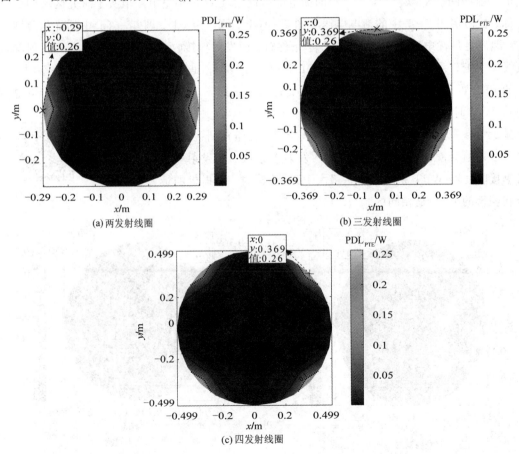

图 5 - 8　在最优电能传输效率 PTE_{OPT} 条件下，PDL_{PTE} 随接收线圈位置变化的关系

　　根据 5.2 节的理论分析，我们按照数值计算部分的结构尺寸绕制了由五个发射线圈和单个接收线圈组成的五发射单接收线圈 WPT 系统并测量了该系统的 PTE_{OPT}。本节通过在 Mn-Zn 材料环形铁氧体磁芯上绕制不同匝数的利兹线来制成集总电压变换器，一组匝线接入馈电源，其他组匝线接入发射线圈。如果接收线圈位于研究区域的中心，那么接收线圈与所有发射线圈的距离相等，此时要使馈入各发射线圈的电压幅值相同，需要使接到发射线圈上的集总电压变换器的绕线匝数相同。实验测量平台如图 5-9(a) 所示。图中集总电压变换器包含六组绕线，每组绕线的匝数为 3，其中一组绕线接到函数发生器上，其他五组绕线馈出相同的功率到五个发射线圈上。图 5-9(a) 中同时给出了五发射单接收线圈 WPT 系统实验装置的连接方式。

　　图 5-9(b) 示出在发射线圈与各接收线圈距离为 $D_{iR} = 0.26$ m ($i=1, 2, \cdots, 5$)，对应的互感 $M_{iR} = 2.17\ \mu H$ 情况下，获得 PTE_{OPT} 的最优负载电阻 $R_{L,OPT}$ 以及 PTE_{OPT} 的测量值与计算值随着发射线圈个数的变化规律。从图中可看出，$R_{L,OPT}$ 和 PTE_{OPT} 的计算值随着发射线圈个数的增加而增大，这一点与 5.2 节的理论分析相一致。且从图中含有两发射线圈到五发射线圈的四种多发射单接收线圈 WPT 系统来看，用圆点表示的 PTE_{OPT} 的测量值与计算值吻合得较好。

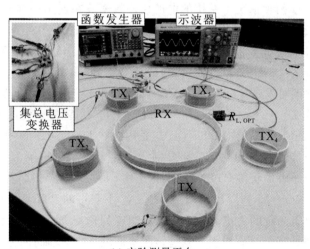

(a) 实验测量平台

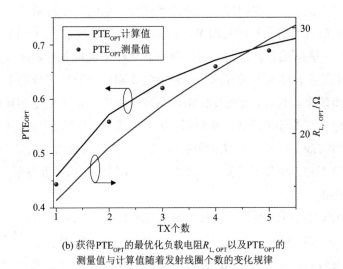

(b) 获得PTE$_{OPT}$的最优化负载电阻$R_{L, OPT}$以及PTE$_{OPT}$的
测量值与计算值随着发射线圈个数的变化规律

图 5 - 9　PTE$_{OPT}$ 随发射线圈个数变化的实验研究

可利用线圈面对面耦合的两发射单接收线圈 WPT 系统来进一步论证理论分析的结论,两发射线圈间的距离设定为 0.6 m。两发射线圈的馈电电压比和相位差使用图 5 - 9(a)中的函数发生器来调节。作为对比案例,将馈电电压比 $V_1 : V_2 = 1 : 1$ 和 $V_1 : V_2 = 1 : 3$且负载电阻 $R_L = 50$ Ω 两种情况下系统的电能传输效率放在这里一并研究。经过优化和未经过优化的 PTE 的计算值、测量值和接收线圈 RX 与发射线圈 TX$_1$ 间的距离 D_{1R} 的关系绘制在图 5 - 10(b)中,这里 D_{1R} 的变化范围为 0.05～0.55 m。获得 PTE$_{OPT}$ 和 PTE'$_{OPT}$ 的优化互感比 $M_{1R} : M_{2R}$ 以及获得 PTE$_{OPT}$ 的最优负载电阻 $R_{L, OPT}$ 随 D_{1R} 的变化关系如图 5 - 10(a)所示。由图可发现,对于 $V_1 : V_2 = 1 : 1$ 和 $V_1 : V_2 = 1 : 3$ 且负载电阻 $R_L =$ 50 Ω 的情况,在距离 $D_{1R} = 0.3$ m 和 $D_{1R} = 0.37$ m 处,系统的未优化电能传输效率 PTE 等于优化馈电电压比情况下系统的 PTE'$_{OPT}$。这是因为在 $D_{1R} = 0.3$ m 和 $D_{1R} = 0.37$ m 处,对应的两发射线圈与接收线圈间的互感比分别为 $M_{1R} : M_{2R} = 1$ 和 $M_{1R} : M_{2R} = 0.33$,如图 5 - 10(a)所示,正好满足获得 PTE'$_{OPT}$ 的优化条件,即 $V_1 : V_2 = M_{1R} : M_{2R}$。图 5 - 10(b)示出在优化条件 $V_1 : V_2 = M_{1R} : M_{2R}$ 和 $R_L = R_{L, OPT}$ 下获得的 PTE$_{OPT}$ 是最大的。对于馈电电压比确定和负载电阻固定的方案,由于强顺磁响应的作用[1],当接收线圈靠近发射线圈时,PTE 的测量值较计算值略有增大。但是,总体来说,对于不同的方案,PTE 的测量值与计算值的一致性较好。

在图 5 - 10(b)中,我们也研究了单发射单接收线圈 WPT 系统和两发射单接收线圈WPT 系统在优化负载电阻和固定 50 Ω 负载电阻两种情况下的 PTE。得到的结论是,当接收线圈靠近发射线圈 TX$_1$ 时,单发射单接收线圈 WPT 系统的 M_{1R}^2 / R_1 略小于两发射单接收线圈 WPT 系统的 $\sum\limits_{i=1}^{2}(M_{iR}^2/R_i)$，使得此时两发射单接收线圈 WPT 系统的电能传输效率略大于单发射单接收线圈 WPT 系统的。然而，当接收线圈靠近发射线圈 TX_2 时，单发射单接收线圈 WPT 系统的 M_{1R}^2/R_1 远小于两发射单接收线圈 WPT 系统的 $\sum\limits_{i=1}^{2}(M_{iR}^2/R_i)$，使得此时两发射单接收线圈 WPT 系统的电能传输效率远大于单发射单接收线圈 WPT 系统的。

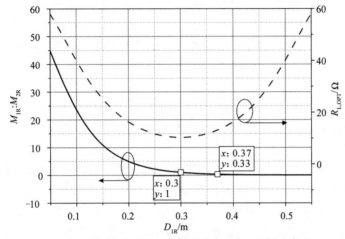

(a) 两发射单接收线圈WPT系统的优化互感比和最优负载电阻

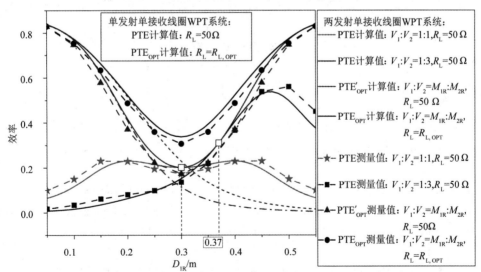

(b) 单发射单接收和两发射单接收线圈WPT系统的未优化PTE、优化馈电电压比的
PTE′$_{OPT}$、优化馈电电压比和负载电阻的PTE$_{OPT}$的计算值与测量值对比

图 5 - 10 参数与接收线圈位置的关系

本 章 小 结

本章基于 CT 给出了多发射单接收线圈 WPT 系统的电能传输效率的详细分析过程。从理论出发给出了多发射单接收线圈 WPT 系统获得最优电能传输效率的两个约束条件：(1)馈电电压比等于各发射线圈与接收线圈的互感比；(2)接收线圈加载最优负载电阻。适用多发射单接收线圈 WPT 系统的最优 PTE 和最优负载电阻的计算式在本章中被统一成通式。在本章的数值计算部分，通过算例的形式将两发射单接收、三发射单接、四发射单接线圈 WPT 系统的优化和未优化 PTE 的计算值进行了比较研究。在实验部分，通过测量两发射单接收线圈 WPT 系统的最优 PTE 随接收线圈位置的变化情况来验证理论分析的正确性。理论分析和实验测量结果均表明，多发射单接收线圈 WPT 系统的最优 PTE 随着发射线圈个数的增加而增大。

在获得最优 PTE 的两个约束条件下，得到的最优 PTE 的表达式简洁且通用，这对于设计多发射单接收线圈 WPT 系统具有理论指导意义。

本章提出的多发射单接收线圈 WPT 系统容易应用到实际场景中。例如，可在桌子的四个桌角区域设置四个发射线圈，那么桌面上的用电设备就可在大范围内自由地获取电能。

参 考 文 献

[1] ZHANG C，LIN D，HUI S Y. Basic control principles of omnidirectional wireless power transfer [J]. IEEE Transactions on Power Electronics，2016，31（7）：5215 – 5227.

[2] JOHARI R，KROGMEIER J V，LOVE D J. Analysis and practical considerations in implementing multiple transmitters for wireless power transfer via coupled magnetic resonance [J]. IEEE Transactions on Industrial Electronics，2013，61（4）：1774 – 1783.

[3] 闫小喜，赵振洲，陈雪松. 单/多发射极磁谐振式无线电能传输特性研究[J]. 电力电子技术，2020，54(08)：104 – 108.

[4] WEI C，RICKERS S，BRUCK G H，et al. Cooperative transmitter structure for

improving efficiency in wireless power transfer[C]// International Symposium on Antennas & Propagation. IEEE, 2014.

[5]　HUH S, AHN D. Two-transmitter wireless power transfer with optimal activation and current selection of transmitters[J]. IEEE Transactions on Power Electronics, 2018, 31(6): 4957 - 4967.

[6]　LEE K, CHO D H. Diversity Analysis of multiple transmitters in wireless power transfer system [J]. IEEE Transactions on Magnetics, 2013, 49 (6Part2): 2946 - 2952.

[7]　周俊巍. 多发射线圈磁耦合谐振式无线电能传输系统的研究[D]. 南京: 南京理工大学, 2016.

[8]　TAN L, GUO J, HUANG X, et al. Output power stabilisation of wireless power transfer system with multiple transmitters[J]. IET Power Electronics, 2016, 9(7): 1374 - 1380.

[9]　KONG P, KUH. Efficiency optimising scheme for wireless power transfer system with two transmitters[J]. Electronics Letters, 2016, 52(4): 310 - 312.

[10]　WEI C, RICKERS S, BRUCK G H, et al. Localization system using resonant magnetic coupling factor for improving efficiency in wireless power transfer[C]// 2015 9th European Conference on Antennas and Propagation (EuCAP). IEEE, 2015.

[11]　LEE K, PANTIC Z, LUKIC S M. Reflexive field containment in dynamic inductive power transfer systems[J]. IEEE Transactions on Power Electronics, 2014, 29(9): 4592 - 4602.

[12]　ZHONG W X, LIU X, HUI S Y R. A novel single-layer winding array and receiver coil structure for contactless battery charging systems with free-positioning and localized charging features[J]. IEEE Transactions on Industrial Electronics, 2011, 58(9): 4136 - 4144.

[13]　FU M. F, ZHANG T , MA C B, et al. Efficiency and optimal loads analysis for multiple-receiver wireless power transfer systems [J]. IEEE Transactions on Microwave Theory & Techniques, 2015, 63(3): 801 - 812.

第6章 基于接收端反射电阻理论的 多发射线圈 WPT 系统设计方法

6.1 引 言

用于研究无线电能传输系统特性的技术和理论有多种，包括磁波束成形技术[1, 2]、CMT[3-6]、KVL[7-11]、BPFT[11-13]、发射端反射电阻理论（Reflected Resistance Theory, RRL)[4, 14-16]。磁波束成形技术用于优化流过不同发射线圈的电流，将波束形成问题转化为最小化多线圈馈电功率问题，该技术对设计多发射线圈 WPT 系统的指导作用不够明晰。当利用 CMT 分析 WPT 系统时，由于系统参数的电气概念不明确，因此给电气工程师设计和分析电路带来了困扰。相对应地，一方面利用 KVL 测量和计算的电压、电流参数容易被电气工程师理解，另一方面为了避免解 KVL 中出现的复杂矩阵等式，适用于分析多中继线圈 WPT 系统的 BPFT 近些年来被得以应用。但是，BPFT 不适用于分析多发射线圈 WPT 系统的传输特性。文献[17]～[19]中使用 KVL 分析了多发射线圈 WPT 系统的 PTE，文中分析的算例也仅限于含有两个发射线圈的情况，这是因为使用 KVL 分析含有三个以上发射线圈的 WPT 系统的公式推导较为复杂。但是，若引入两个整合参数，则多发射线圈 WPT 系统的 PTE 和 PDL 的简洁表达式可以利用 KVL 推导出来。由 KVL 推导出的发射端 RRL 对于分析多接收线圈 WPT 系统的 PTE 和 PDL 是非常简单的，但是，发射端 RRL 不适用于分析多发射线圈 WPT 系统的 PTE 和 PDL。基于多发射线圈 WPT 和多接收线圈 WPT 系统结构上的对偶特性，本章将推导出适用于分析多发射线圈 WPT 系统的接收端 RRL。

在本章中，我们利用接收端 RRL 来分析和设计多发射线圈 WPT 系统，并以 KVL 作为对比对该系统进行了相应的分析。首先，通过引入两个整合参数和馈电电压比作为约束条件，利用 KVL 得出多发射单接收线圈 WPT 系统获得最优 PTE 和 PDL 时的简明表达式，以及获得最优 PTE 和 PDL 时所对应的最优负载电阻；其次，利用 KVL 推导出接收端 RRL，并利用接收端 RRL 得到系统获得最优 PTE 和 PDL 时的计算表达式；最后，通过对两发射单接收、三发射单接收、四发射单接收线圈 WPT 系统进行仿真计算和实验测量来验证理论分析的正确性。

6.2　基于接收端反射电阻理论的多发射线圈 WPT 系统的理论推导

通用的多发射单接收线圈 WPT 系统的等效电路模型如图 6-1 所示。图中 $\text{TX}_i (i = 1,$ $2, \cdots, n)$ 表示第 i 个发射线圈，这里 TX_i 与第 i 个外接匹配调谐电容 C_i 串联构成第 i 个发射谐振器；V_i 为各馈电电源的均方根电压（馈电电压），I_i 和 I_R 分别表示流过 TX_i 和接收线圈（RX）的均方根电流；RX 与匹配调谐电容 C_R 串联构成接收谐振器；M_{iR} 表示 TX_i 与 RX 间的互感；L_i 和 R_i 分别表示第 i 个发射线圈的等效电感和由第 i 个发射线圈构成的谐振器上的等效损耗电阻；L_R 和 R_R 分别表示接收线圈的等效电感和由接收线圈构成的谐振器的等效损耗电阻。系统中每个线圈与匹配调谐电容构成的各谐振器的自谐振角频率均为 ω_0，$\omega_0 = 1/\sqrt{L_i C_i} = 1/\sqrt{L_R C_R}$。

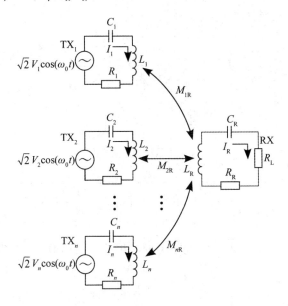

图 6-1　多发射单接收线圈 WPT 系统的等效电路模型

6.2.1　基于基尔霍夫电压定律的系统分析

本节使用 KVL 解出图 6-1 中等效电路的电气参数关系。通过适当的设计，可使得各发射线圈间的交叉耦合强度相比较于各发射线圈与接收线圈间的耦合强度小得多。在系统

含有 n 个 TX 和单个 RX 时，在谐振条件$\left(\dfrac{1}{\omega_0 C_i}-\omega_0 L_i=\dfrac{1}{\omega_0 C_R}-\omega_0 L_R=0\right)$下，加载到各发射线圈上的馈电电压与流过发射线圈和接收线圈的电流之间的关系为

$$
\begin{bmatrix} V_1 \\ V_2 \\ \vdots \\ V_n \\ 0 \end{bmatrix} = \begin{bmatrix} R_1 & 0 & \cdots & 0 & j\omega_0 M_{1R} \\ 0 & R_2 & \cdots & 0 & j\omega_0 M_{2R} \\ \vdots & \vdots & \vdots & \vdots & \vdots \\ 0 & 0 & \cdots & R_n & j\omega_0 M_{nR} \\ j\omega_0 M_{1R} & j\omega_0 M_{2R} & \cdots & j\omega_0 M_{nR} & R_R+R_L \end{bmatrix} \times \begin{bmatrix} I_1 \\ I_2 \\ \vdots \\ I_n \\ I_R \end{bmatrix} \tag{6-1}
$$

从等式(6-1)可知，流过 TX_i 和 RX 的电流 I_i 和 I_R 可综合成以下两个等式：

$$
V_i = R_i I_i + j\omega_0 M_{iR} I_R \tag{6-2}
$$

$$
\sum_{i=1}^{n} j\omega_0 M_{iR} I_i + (R_R+R_L) I_R = 0 \tag{6-3}
$$

通过解式(6-2)，可将 I_i 表示成关于 I_R 的函数：

$$
I_i = \frac{V_i - j\omega_0 M_{iR} I_R}{R_i} \tag{6-4}
$$

将式(6-4)代入式(6-3)得

$$
I_R = -\frac{j\omega_0 \displaystyle\sum_{i=1}^{n} \dfrac{M_{iR} V_i}{R_i}}{\omega_0^2 \displaystyle\sum_{i=1}^{n} \dfrac{M_{iR}^2}{R_i} + R_R + R_L} \tag{6-5}
$$

将式(6-5)代入 $PDL = |I_R|^2 R_L$ 可得

$$
\begin{aligned}
PDL &= |I_R|^2 R_L \\
&= \frac{\omega_0^2 \left(\displaystyle\sum_{i=1}^{n} \dfrac{M_{iR} V_i}{R_i} \right)^2}{2\left(\omega_0^2 \displaystyle\sum_{i=1}^{n} \dfrac{M_{iR}^2}{R_i} + R_R \right) + R_L + \dfrac{\left(\omega_0^2 \displaystyle\sum_{i=1}^{n} \dfrac{M_{iR}^2}{R_i} + R_R \right)^2}{R_L}}
\end{aligned} \tag{6-6}
$$

为精炼本章的表达式，引入 TX_i 与 RX 间的传输品质因数 Q_{iR}，其定义如下：

$$
Q_{iR} = \frac{\omega_0 M_{iR}}{\sqrt{R_i R_R}} \tag{6-7}
$$

所以式(6-6)可简化为

$$
PDL = \frac{\left(\displaystyle\sum_{i=1}^{n} \dfrac{Q_{iR}}{\sqrt{R_i R_R}} V_i \right)^2}{\dfrac{2}{R_R}\left(\displaystyle\sum_{i=1}^{n} Q_{iR}^2 + 1 \right) + \dfrac{R_L}{R_R^2} + \dfrac{\left(\displaystyle\sum_{i=1}^{n} Q_{iR}^2 + 1 \right)^2}{R_L}} \tag{6-8}
$$

对式(6-8)求导，并令求导后的等式等于 0，可得到系统的最优负载获得功率 PDL_{OPT} 及对应的最优负载电阻 $R_{L, OPT/PDL}$ 分别为

$$PDL_{OPT} = \frac{\left(\sum_{i=1}^{n} \frac{Q_{iR}}{\sqrt{R_i}} V_i \right)^2}{4 \left(1 + \sum_{i=1}^{n} Q_{iR}^2 \right)} \qquad (6-9a)$$

$$R_{L, OPT/PDL} = R_R \left(1 + \sum_{i=1}^{n} Q_{iR}^2 \right) \qquad (6-9b)$$

联立式(6-4)和式(6-5)并求解得

$$\frac{I_i}{I_R} = -\frac{V_i}{R_i} \times \frac{\left(\omega_0^2 \sum_{t=1}^{n} \frac{M_{tR}^2}{R_t} + R_R + R_L \right)}{j\omega_0 \sum_{t=1}^{n} \frac{M_{tR} V_t}{R_t}} - \frac{j\omega_0 M_{iR}}{R_i} \qquad (6-10)$$

多发射单接收线圈 WPT 系统的 PTE 可表示为

$$PTE = \frac{R_L |I_R|^2}{\sum_{i=1}^{n} R_i |I_i|^2 + (R_R + R_L) |I_R|^2}$$

$$= \frac{R_L}{\sum_{i=1}^{n} R_i \left| \frac{I_i}{I_R} \right|^2 + (R_R + R_L)} \qquad (6-11)$$

将式(6-10)代入式(6-11)，PTE 可重新表示为

$$PTE = \frac{R_L}{\frac{\sum_{i=1}^{n} \left\{ R_i \left[\frac{(R_R + R_L) V_i}{R_i} + \omega_0^2 \sum_{t \neq i} \frac{M_{tR}(M_{tR} V_i - M_{iR} V_t)}{R_i R_t} \right]^2 \right\}}{\left(\omega_0 \sum_{i=1}^{n} \frac{M_{iR} V_i}{R_i} \right)^2} + R_R + R_L} \qquad (6-12)$$

从式(6-12)可看出，在负载电阻 R_L 给定的情况下，系统获得最优电能传输效率 PTE'_{OPT} 的条件为 $M_{tR} V_i - M_{iR} V_t = 0$，即

$$\frac{V_i}{V_t} = \frac{M_{iR}}{M_{tR}} \qquad (6-13)$$

将式(6-13)代入式(6-12)得

$$PTE'_{OPT} = \frac{\sum_{i=1}^{n} \frac{(\omega_0 M_{iR})^2}{R_i}}{\sum_{i=1}^{n} \frac{(\omega_0 M_{iR})^2}{R_i} + R_R + R_L} \frac{R_L}{R_R + R_L} \qquad (6-14)$$

利用式(6-7)定义的 Q_{iR}，式(6-14)可写为

$$PTE'_{OPT} = \frac{\sum_{i=1}^{n} Q_{iR}^2}{\frac{R_L}{R_R} + \frac{R_R\left(1 + \sum_{i=1}^{n} Q_{iR}^2\right)}{R_L} + 2 + \sum_{i=1}^{n} Q_{iR}^2} \quad (6-15)$$

对式(6-15)求导，并令求导后的等式等于0，可得到系统的最优电能传输效率 PTE_{OPT} 及对应的最优负载电阻 $R_{L,OPT/PTE}$ 分别为

$$PTE_{OPT} = \frac{\sqrt{1 + \sum_{i=1}^{n} Q_{iR}^2} - 1}{\sqrt{1 + \sum_{i=1}^{n} Q_{iR}^2} + 1} \quad (6-16a)$$

$$R_{L,OPT/PTE} = R_R\sqrt{1 + \sum_{i=1}^{n} Q_{iR}^2} \quad (6-16b)$$

式(5-14)中的参数 A_n 用本章中的传输品质因数 Q_{iR} 可表示为

$$A_n = \sqrt{1 + \sum_{i=1}^{n} Q_{iR}^2} \quad (6-17)$$

利用式(6-17)可将式(6-9a)中的 PDL_{OPT} 和式(6-9b)中的最优负载电阻 $R_{L,OPT/PDL}$ 以及式(6-16a)中的 PTE_{OPT} 和式(6-16b)中的最优负载电阻 $R_{L,OPT/PTE}$ 重新表示为

$$PDL_{OPT} = \frac{\left(\sum_{i=1}^{n} \frac{Q_{iR}}{\sqrt{R_i}} V_i\right)^2}{4A_n^2} \quad (6-18a)$$

$$R_{L,OPT/PDL} = R_R A_n^2 \quad (6-18b)$$

$$PTE_{OPT} = \frac{A_n - 1}{A_n + 1} \quad (6-19a)$$

$$R_{L,OPT/PTE} = R_R A_n \quad (6-19b)$$

6.2.2 接收端反射电阻理论与基尔霍夫电压定律的对应关系

将式(6-4)代入等式(6-3)，可得到如下式子：

$$-j\omega_0 \sum_{i=1}^{n} \frac{M_{iR} V_i}{R_i} = \sum_{i=1}^{n} \frac{(\omega_0 M_{iR})^2}{R_i} I_R + (R_R + R_L) I_R \quad (6-20)$$

根据式(6-20)可得出包含来自发射端反射电阻的接收端环电路，见图6-2所示的基于接收端反射电阻理论的多发射单接收线圈WPT系统的电路变换。图中 $V_{ref,i}$ 表示加载在

第 i 个发射线圈电压源上的均方根电压反射到接收线圈上的反射均方根电压，$V_{\mathrm{ref},\,i}=-\dfrac{\mathrm{j}\omega_0 M_{i\mathrm{R}} V_i}{R_i}$；$R_{\mathrm{ref},\,i}$ 表示第 i 个发射线圈上的等效损耗电阻反射到接收线圈上的反射等效损耗电阻，$R_{\mathrm{ref},\,i}=\dfrac{(\omega_0 M_{i\mathrm{R}})^2}{R_i}$；$I_{\mathrm{R,\,T}}$ 是负载环路电流。

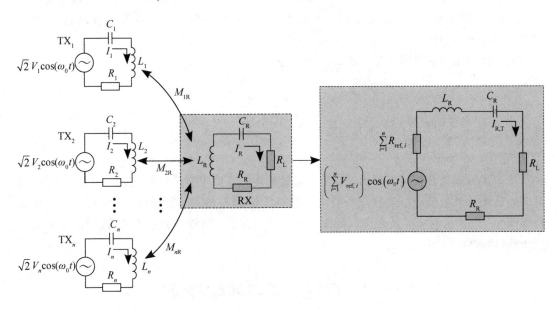

图 6-2　基于接收端反射电阻理论的多发射单接收线圈 WPT 系统的电路变换

使用图 6-2 中接收端环路的反射电阻，等式(6-14)可改写为

$$
\begin{aligned}
\mathrm{PTE}'_{\mathrm{OPT}} &= \frac{\displaystyle\sum_{i=1}^{n} R_{\mathrm{ref},\,i}}{\displaystyle\sum_{i=1}^{n} R_{\mathrm{ref},\,i} + R_{\mathrm{R}} + R_{\mathrm{L}}} \frac{R_{\mathrm{L}}}{R_{\mathrm{R}} + R_{\mathrm{L}}}\\
&= \sum_{i=1}^{n}(\mathrm{PTE}_{\mathrm{TX},\,i})\,\mathrm{PTE}_{\mathrm{RX},\,i}
\end{aligned}
\tag{6-21}
$$

式中，$\mathrm{PTE}_{\mathrm{RX},\,i}$ 表示接收线圈的电能传输效率，是负载上所消耗的电能与进入接收线圈的电能比值，$\mathrm{PTE}_{\mathrm{RX},\,i}=\dfrac{R_{\mathrm{L}}}{R_{\mathrm{R}}+R_{\mathrm{L}}}$；$\mathrm{PTE}_{\mathrm{TX},\,i}$ 表示在 $V_i \neq 0$，其他馈电电压为 0 时，第 i 个发射线圈的电能传输效率，是馈入第 i 个发射线圈的电能与电源提供给发射线圈的总电能比值，

$$\mathrm{PTE}_{\mathrm{TX},\,i}=\frac{R_{\mathrm{ref},\,i}}{\displaystyle\sum_{i=1}^{n} R_{\mathrm{ref},\,i} + R_{\mathrm{R}} + R_{\mathrm{L}}}。$$

类似与文献[4]和文献[14]～文献[16]中将适用与多接收单发射线圈 WPT 系统的计算方法称为发射端反射电阻理论法，我们将本章得到的适用与多发射单接收线圈 WPT 系统的计算方法(式(6-21))称为接收端反射电阻理论法。$PTE_{TX,i}$ 与来自第 i 个发射线圈的反射电阻成正比，这与发射端反射电阻理论是对偶的。式(6-21)是根据式(6-14)推导得到的，因此严格来说，适用于多发射单接收线圈 WPT 系统的接收端反射电阻理论是根据 CT 推导而来的，并且其是在加载到多发射线圈上的馈电电压比等于各收、发线圈的互感比的约束条件下得到的。

基于接收端反射电阻理论，图 6-2 中的负载环路电流 $I_{R,T}$ 为

$$I_{R,T} = \frac{V_{ref,\,total}}{R_{ref,\,total} + R_R + R_L} \tag{6-22}$$

将 $V_{ref,\,total} = -\sum\limits_{i=1}^{n} \frac{j\omega_0 M_{iR} V_i}{R_i}$ 和 $R_{ref,\,total} = \sum\limits_{i=1}^{n} \frac{\omega_0^2 M_{iR}^2}{R_i}$ 代入式(6-22)，得到的 $I_{R,T}$ 的形式与式(6-5)中 I_R 的形式一致。

从前述的理论分析可以看出，对于多发射单接收线圈 WPT 系统，最优 PTE 和 PDL 及对应的最优负载电阻通过接收端反射电阻理论能够容易得到。利用 KVL 分析多发射单接收线圈 WPT 系统的优势是在加载最优负载电阻情况下，能够得到系统获得最优 PTE 的约束条件(即式(6-13))。

6.3 数值计算与实验验证

本节使用 MATLAB 软件对算例进行数值计算，以验证 6.2 节的理论分析。构成发射谐振器和接收谐振器的发射线圈、接收线圈的尺寸分别为：单层绕线的发射线圈的高度为 3.4 cm，绕线圈数为 25；接收线圈的高度为 1.5 cm，绕线圈数为 11。图 6-3(a)和图 6-4 中，r_{TX} 和 r_{RX} 分别表示发射线圈和接收线圈的半径，$r_{TX} = 5.5$ cm 和 $r_{RX} = 15.75$ cm。由发射线圈(TX)构成的发射谐振器的等效损耗电阻、发射线圈的等效电感、谐振补偿电容分别为 5 Ω、198.6 μH、110.8 pF。由接收线圈(RX)构成的接收谐振器的等效损耗电阻、接收线圈的等效电感、谐振补偿电容分别为 5.1Ω、132.8 μH、165.7 pF。在所选谐振补偿电容作用下，TX 和 RX 的谐振频率为 1.073 MHz。图 6-3(a)示出单发射单接收线圈 WPT 系统侧边耦合放置的布局情况，利用该图研究收、发线圈间的互感和最优负载电阻可为后续研究多发射单接收线圈 WPT 系统作铺垫。图中的研究区域是使用虚线围住的正方形，正方形边长 Dis=0.5 m。图 6-3(b)、(c)、(d)分别示出收、发线圈间互感，系统获得最优 PDL 时的最优负载电阻，系统获得最优 PTE 时的最优负载电阻与接收线圈所处位置的关

系。从图 6-3(c)和(d)中可看出，当 RX 在坐标(0.25，0)处，系统获得最优 PDL 和 PTE 时的最优负载电阻均为 5.1 Ω，恰好等于由 RX 构成的接收谐振器的等效损耗电阻，这一点可以根据式(6-18b)和(6-19b)得到验证。当 RX 远离 TX 时，M_{1R} 变得很小，此时设定参数 A_1 近似于 1，这使得对应的最优负载电阻均近似等于 R_R。

图 6-3

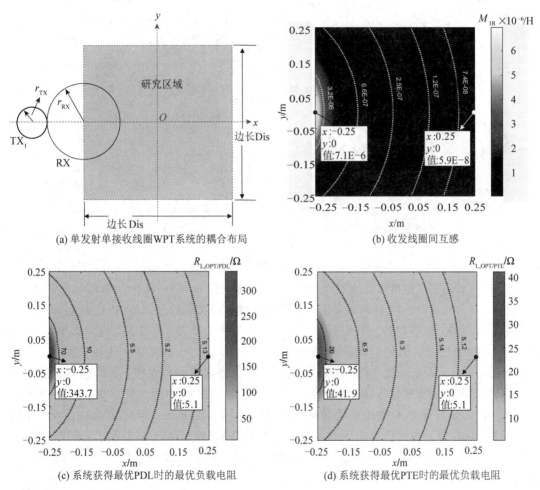

(a) 单发射单接收线圈WPT系统的耦合布局

(b) 收发线圈间互感

(c) 系统获得最优PDL时的最优负载电阻

(d) 系统获得最优PTE时的最优负载电阻

图 6-3 单发射单接收线圈 WPT 系统中，各参数与接收线圈所处位置的关系

在多发射单接收线圈 WPT 系统的算例中，多发射线圈的尺寸相同且比单个接收线圈的尺寸小。使用多个较小尺寸的发射线圈是为了降低发射线圈间的交叉耦合，使设计的系统满足理论分析的假设。图 6-4(a)和(b)分别示出三发射单接收、四发射单接收线圈 WPT 系统中收发线圈的空间布局以及研究区域的情况。图中的发射线圈均匀分布于研究区域周

围，这两个系统的研究区域的半径分别为 $r_{SA3} = \dfrac{D_T}{\sqrt{3}} - (r_{TX} + r_{RX})$、$r_{SA4} = \dfrac{D_T}{\sqrt{2}} - (r_{TX} + r_{RX})$，这里 D_T 表示发射线圈间的距离，$D_T = 0.6$ m。明显有 $r_{SA3} < r_{SA4}$ 成立，研究区域中心点设置为直角坐标系的原点。

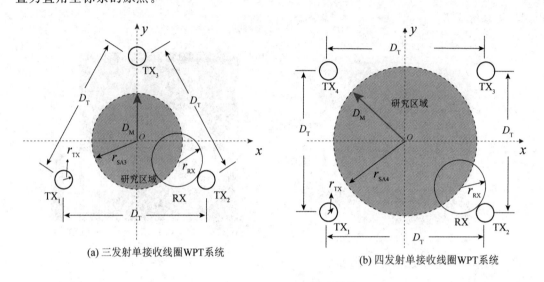

(a) 三发射单接收线圈WPT系统 　　(b) 四发射单接收线圈WPT系统

图 6-4　两种系统的空间布局

图 6-5 示出三发射单接收线圈 WPT 的传输特性。图 6-5(a)示出，在 $V_1 = 1$ V、$V_2 = 2$ V、$V_3 = 3$ V、$R_L = 10$ Ω 的条件下，未优化负载获得功率的最大值（PDL $= 0.45$ W）出现在坐标(0.068, 0.057)处。图 6-5(b)示出，在 $V_1 = 1$ V、$V_2 = 2$ V、$V_3 = 3$ V、$R_L = R_{L,OPT/PDL}$ 的条件下，优化负载获得功率最大值（$\text{PDL}_{OPT} = 0.53$ W）出现在位置(0.1, 0.089)处。因此，无论是优化的还是未优化的负载获得功率的最大值，其出现的位置都在靠近馈电电压最高的发射线圈（TX_3）处。图 6-5(c)示出，在 $V_1 : V_2 : V_3 = 1 : 2 : 3$、$R_L = 10$ Ω 的条件下，未优化电能传输效率的最大值（PTE $= 0.35$）出现在坐标(0.1, 0.089)处，该位置是靠近馈电电压最高的发射线圈（TX_3）处。图 6-5(d)示出，在 $V_1 : V_2 : V_3 = M_{1R} : M_{2R} : M_{3R}$、$R_L = R_{L,OPT/PTE}$ 的条件下，接收线圈越靠近发射线圈，最优电能传输效率越高。

图 6-6 示出四发射单接收线圈 WPT 系统的传输特性。在馈电电压为 $V_1 = 1$ V、$V_2 = 2$ V、$V_3 = 3$ V、$V_4 = 4$ V 时，图 6-6(a)绘出在固定负载电阻 $R_L = 10$ Ω 条件下，负载接收到的未优化负载获得功率 PDL；图 6-6(b)绘出在最优负载电阻 $R_L = R_{L,OPT/PDL}$ 条件下，负载接收到的最优负载获得功率 PDL_{OPT}。在坐标(0, 0.22)处，未优化负载获得功率达到最大，为 PDL $=$

图 6-5

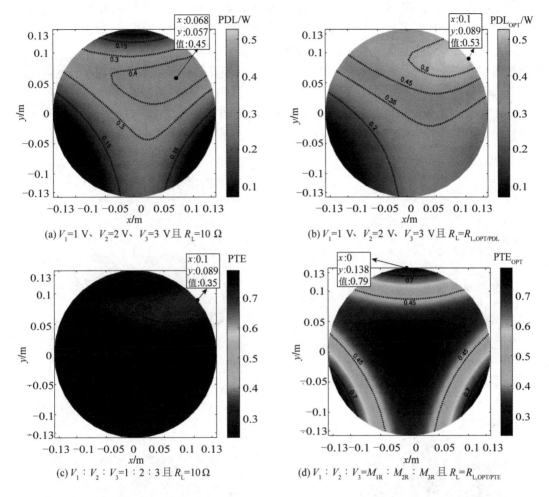

图 6-5　在不同条件下，三发射单接收线圈 WPT 系统的 PDL 和 PTE 在研究区域内的情况

0.85 W；在坐标(−0.056，0.21)处，优化负载获得功率达到最大，为 PDL$_{OPT}$ = 0.94 W。优化和未优化负载获得功率的最大值均出现在靠近馈电电压最大的发射线圈 TX$_4$ 的某个位置处，而非出现在 TX$_4$ 所在的位置。在馈电电压比 $V_1 : V_2 : V_3 : V_4 = 1 : 2 : 3 : 4$、固定负载电阻 $R_L = 10\ \Omega$ 的条件下，图 6-6(c)示出在坐标(0，0.22)处，系统的未优化电能传输效率达到最大值(0.25)。相比较图 6-6(c)的情况，图 6-6(d)示出在馈电电压比 $V_1 : V_2 : V_3 : V_4 = M_{1R} : M_{2R} : M_{3R} : M_{4R}$、$R_L = R_{L,\ OPT/PTE}$ 的条件下，系统在坐标(−0.153，0.153)处获得最优电能传输效率的最大值，为 0.79。通过比较优化过的电能传输效率与未优化的电能传输效率可知，优化过的电能传输效率得到了很大的提升。本算例是在未改变前面三个发射线圈馈电电压的基础上引入第四个馈电电压到第四个发射线圈上，因此本算

例中系统的最优负载获得功率 PDL_{OPT} 比三发射单接收线圈 WPT 系统的最优负载获得功率要大，原因是额外引入的一个线圈的馈电电压增加了额外的输入功率。然而，无论是在三发射单接收线圈 WPT 系统中，还是在四发射单接收线圈 WPT 系统中，最优电能传输效率 PTE_{OPT} 总是出现在研究区域中心点到发射线圈中心点的连线上且在距离任一个发射线圈 $r_{TX}+r_{RX}$ 的位置处，这两个系统的 PTE_{OPT} 值均为 0.79。在满足馈电电压比等于收发线圈间的互感比和加载最优负载电阻的条件下，PTE_{OPT} 值取决于 RX 与最近的 TX 间的互感，其值由式(6-19a)计算得到。

图 6-6

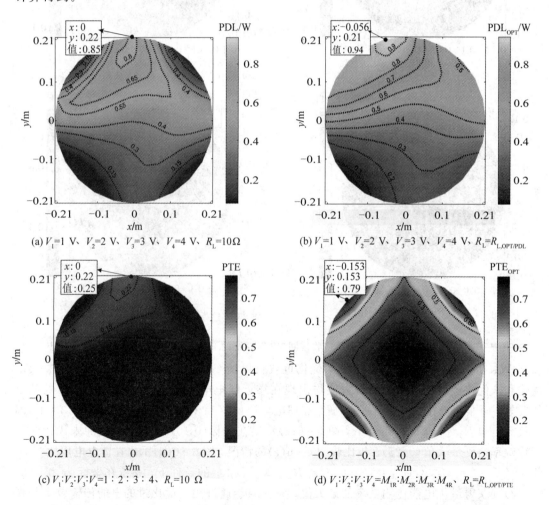

图 6-6　在不同条件下，四发射单接收线圈 WPT 系统的 PDL 和 PTE 在研究区域内的情况

图 6-4、图 6-5、图 6-6 中对三发射单接收、四发射单接收线圈 WPT 系统进行了算例分析，接下来一个算例用两发射单接收线圈 WPT 系统进行数值计算和实验测量。该算例中的线圈采用线圈面对面耦合的方式排列，两发射线圈 TX_1 与 TX_2 间的距离设置为 0.6 m，接收线圈从 TX_1 移向 TX_2，用 D_{1R} 表示 RX 与 TX_1 间的距离。本算例中的 D_{1R} 从 0.05 m 变化到 0.55 m，由 4.3.1 节的线圈间互感计算方法可知，对应的 TX_1 与 RX 间的互感 M_{1R} 的范围为 44.8~0.02 μH、TX_2 与 RX 间的互感 M_{2R} 的范围为 0.02~44.8 μH。计算互感时使用了龙贝格和高斯(Romberg & Gaussian)数值积分。

在加载固定负载电阻 $R_L = 50\ \Omega$，两发射线圈 TX_1、TX_2 间的距离设置为 0.6 m，且 RX 从 TX_1 移向 TX_2 的情况下，图 6-7(a)给出了 PTE 与 $V_2 : V_1$ 和 $M_{2R} : M_{1R}$ 的关系，$V_2 : V_1$ 的变化范围为 0.02~44.8，$M_{2R} : M_{1R}$ 的变化范围为 0.02~44.8。对于确定的 $V_2 : V_1$，如果 $V_2 \ll V_1$，则 RX 应靠近 TX_1，即在 $M_{2R} : M_{1R}$ 更小的情况下能获得更大的 PTE；如果 $V_2 \gg V_1$，则 RX 应靠近 TX_2，即在 $M_{2R} : M_{1R}$ 更大的情况下才能获得更大的 PTE。图 6-7(a)中两根黑色的虚线箭头指出了在 $V_2 : V_1$ 确定的情况下，为使系统获得更大的 PTE，$M_{2R} : M_{1R}$ 应该调整的方向。对于确定的 $M_{2R} : M_{1R}$，为确保 RX 所处的位置不变，应使馈电电压比等于收发线圈间的互感比，即 $V_2 : V_1 = M_{2R} : M_{1R}$，这样可使系统获得最优 PTE。图 6-7(a)中两组黑色的实线箭头指出了在 $M_{2R} : M_{1R}$ 确定的情况下，系统获得最优 PTE 时 $V_2 : V_1$ 应该调整的方向。图 6-7(b)示出在不同的 $M_{2R} : M_{1R}$ 情况下，PTE 与 $V_2 : V_1$ 的关系。图中的空心点直接表明 PTE 的最优值是在约束条件 $V_2 : V_1 = M_{2R} : M_{1R}$ 下得到的。

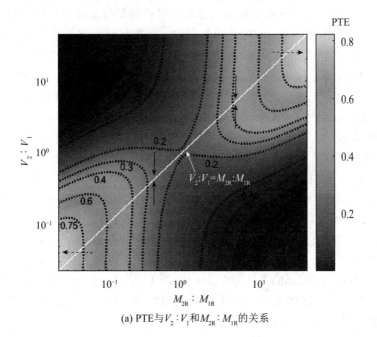

图 6-7

(a) PTE 与 $V_2 : V_1$ 和 $M_{2R} : M_{1R}$ 的关系

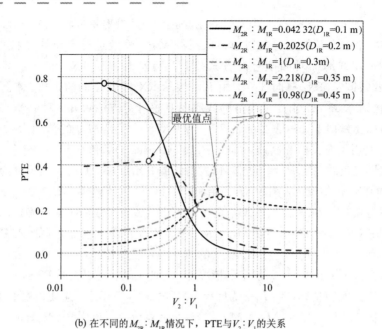

(b) 在不同的 M_{2R}：M_{1R}情况下，PTE 与 V_2：V_1的关系

图 6－7 面对面耦合形式的两发射单接收线圈 WPT 系统

图 6－8(a)示出以面对面耦合形式排列的两发射单接收线圈 WPT 系统的实验测量平台。两发射线圈 TX_1、TX_2 间的距离设置为 0.6 m，用一个带有双端口且可调输出信号的幅度和相位的函数发生器作为 TX_1 和 TX_2 的信号源。用数字示波器测出负载电阻上的电压，并由此进一步计算得到系统的 PDL 和 PTE。图 6－8(b)和(c)示出在最优负载电阻 $R_{L,OPT/PDL}$、最优负载电阻 $R_{L,OPT/PTE}$、固定负载电阻 $R_L=50\ \Omega$ 和 $R_L=20\ \Omega$ 的情况下，负载获得功率和电能传输效率随 D_{1R} 的变化关系。在图 6－8(b)中，PDL＝PDL_{OPT} 的三个点用灰色空心圆表示出来，其中在 $D_{1R}=0.2$ m 和 $D_{1R}=0.4$ m 两处的两个点是在 $R_L=50\ \Omega$ 情况下计算得到的，而在 $D_{1R}=0.3$ m 处的一个点是在 $R_L=20\ \Omega$ 的情况下计算得到的。这是由于获得最优负载获得功率 PDL_{OPT} 对应的最优负载电阻在 $D_{1R}=0.2$ m 和 $D_{1R}=0.4$ m 处是 50 Ω，见图 6－8(b)中 $D_{1R}=0.2$ m 和 $D_{1R}=0.4$ m 处的两个灰色空心矩形，而最优负载电阻在 $D_{1R}=0.3$ m 处是 20 Ω，见图 6－8(b)中 $D_{1R}=0.3$ m 处的一个灰色空心矩形。在图 6－8(c)中，$PTE'_{OPT}＝PTE_{OPT}$ 的四个点用灰色空心圆表示出来，其中，在 $D_{1R}=0.07$ m 和 $D_{1R}=0.53$ m 两处的两个点是在 $R_L=50\ \Omega$ 的情况下计算得到的，而在 $D_{1R}=0.18$ m 和 $D_{1R}=0.42$ m 两处的两个点是在 $R_L=20\ \Omega$ 的情况下计算得到的。当 $R_L=50\ \Omega$ 和 $R_L=20\ \Omega$ 时，满足 PTE＝PTE'_{OPT} 的条件为 M_{1R}：$M_{2R}=1$：1，即 $D_{1R}=0.3$ m，在图 6－8(c)中用灰色空心三角形表示。总体来看，最优负载获得功率 PDL_{OPT} 和最优电能传输效率 PTE_{OPT} 的计算值和测量值吻合得较好。

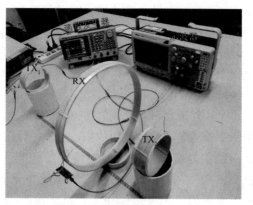

图 6-8

(a) 实验测量平台

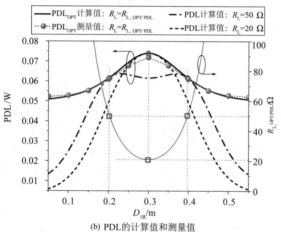

(b) PDL的计算值和测量值

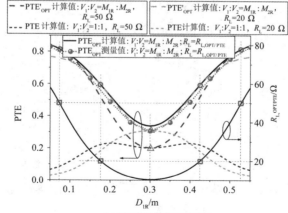

(c) PTE的计算值和测量值

图 6-8　面对面耦合形式的两发射单接收线圈 WPT 系统的实验验证

为验证图 6-5、图 6-6 中关于三发射单接收、四发射单接收线圈 WPT 系统的理论分析，图 6-9 示出实验测量情况。在三发射单接收线圈 WPT 系统中，图 6-9(b)、(c)、(d)中给出的数据是 RX 从研究区域中心点 O 移向 TX_3 的结果；在四发射单接收线圈 WPT 系统中，给出的数据是 RX 从研究区域中心点 O 移向 TX_4 的结果。在图 6-4(a)、(c)中用带箭头的线表示了移动的路径，其距离用 D_M 表示。图 6-9(a)给出了总体实验测量平台，通过在 Mn-Zn 材料环形铁氧体磁芯上绕制两个集总电压变换器来将函数发生器的两路信号按比例馈入多发射线圈端口，见该图左、右上角的两个子图。馈入不同发射线圈的馈电电压比通过绕制在集总电压变换器两侧的绕线圈数来调控。根据 RX 移动的路径，在三发射单接收、四发射单接收线圈 WPT 系统中分别设置 $V_3:V_1=V_3:V_2$、$V_1:V_2=V_3:V_2$，从而使得系统的 PTE 达到最优。因此在图 6-9(b)中，我们仅给出三发射单接收线圈 WPT 系统中 $V_3:V_1$ 与 D_M 的关系和四发射单接收线圈 WPT 系统中 $V_1:V_2$ 和 $V_4:V_2$ 与 D_M 的关系。图 6-9(c)和(d)分别示出通过计算和测量得到的加载最优负载电阻时的最优负载获得功率 PDL_{OPT} 和最优电能传输效率 PTE_{OPT}，以及对应的最优负载电阻 $R_{L,OPT/PDL}$ 和 $R_{L,OPT/PTE}$ 随 D_M 的变化关系。图 6-9(d)未能给出当 D_M 在 0.16～0.22 m 范围内变化时四发射单接收线圈 WPT 系统的电能传输效率的测量值。这是由于对于四发射单接收线圈 WPT 系统来说，按照本章中的理论，若 D_M 从 0.16 m 开始系统就能获得最优的 PTE，则馈电电压比 $V_4:V_2$ 需超过 20，如图 6-9(b)所示，而在本实验中使用集总电压变换器时很难实现这么高的馈电电压比。总体来看，PDL_{OPT} 的测量值与理论计算值吻合得较好。同样，PDL_{OPT} 的测量值与理论计算值吻合得也较好，虽然计算值和实测值的偏移量随着 D_M 的减小有所增加。

图 6-9

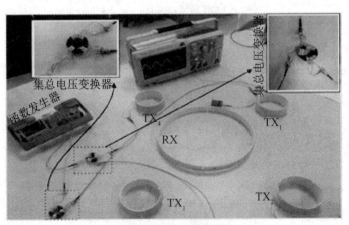

(a) 总体实验测量平台

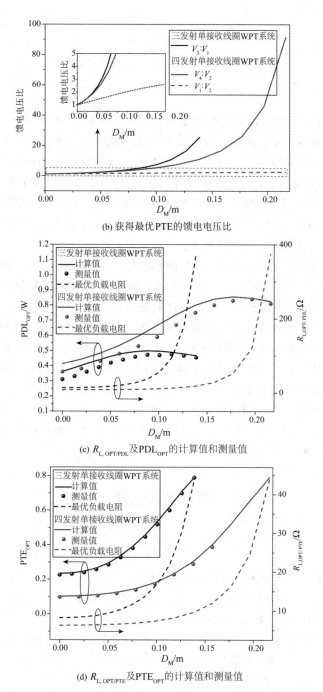

(b) 获得最优PTE的馈电电压比

(c) $R_{\mathrm{L,OPT/PDL}}$ 及 $\mathrm{PDL_{OPT}}$ 的计算值和测量值

(d) $R_{\mathrm{L,OPT/PTE}}$ 及 $\mathrm{PTE_{OPT}}$ 的计算值和测量值

图 6-9　图 6-5、图 6-6 中关于三发射单接收、四发射单接收线圈 WPT 系统理论分析的实验验证

本 章 小 结

本章用 KVL 分析了多发射单接收线圈 WPT 系统的 PDL 和 PTE，给出了该系统在大范围获得最优负载获得功率和最优电能传输效率的约束条件。本章首次提出使用接收端反射电阻理论来分析多发射单接收线圈 WPT 系统的负载获得功率与电能传输效率特性。利用 KVL，我们通过接收端反射电阻理论推导出了最优 PDL 与最优 PTE 的计算式，并给出了获得最优 PDL 与最优 PTE 时分别对应的最优负载电阻。通过引入参数 Q_{iR} 和 A_n，可将多发射单接收线圈 WPT 系统的 PTE 和 PDL 的计算式改写成与单发射单接收线圈 WPT 系统的 PTE 和 PDL 的计算式相同的形式。

本章提出的获得最优电能传输效率的条件之一是馈电电压比等于收发线圈间的互感比，该条件只能利用 KVL 分析得到。但相比较于接收端反射电阻理论，用 KVL 分析时需要求解复杂的矩阵，求解难度较大。而利用接收端反射电阻理论可以很容易得到系统的最优 PDL 和最优 PTE 以及对应的最优负载电阻。实质上，接收端反射电阻理论是 KVL 在满足发射线圈的馈电电压比等于收发线圈间互感比时的一个特例。通过接收端反射电阻理论推导出的多发射单接收线圈 WPT 系统的最优 PDL 与最优 PTE 的计算式是简易的，并且对所有可忽略发射线圈间交叉耦合的多发射单接收线圈 WPT 系统都是适用的。

本章最后部分通过一些算例进一步阐述了两发射单接收、三发射单接收、四发射单接收线圈 WPT 系统的传输特性，针对上述系统设计的实验进一步证明了理论分析和数值计算的正确性。

参 考 文 献

[1] JADIDIAN J, KATABI D. Magnetic MIMO: how to charge your phone in your pocket[C]. Proceedings of the 20th annual international conference on Mobile computing and networking. 2014: 495 – 506.

[2] YANG G, MOGHADAM M R V, ZHANG R. Magnetic beamforming for wireless power transfer[C]//2016 IEEE International Conference on Acoustics, Speech and Signal Processing (ICASSP). IEEE, 2016: 3936 – 3940.

[3] KURS A, KARALIS A, MOFFATT R, et al. Wireless power transfer via strongly

coupled magnetic resonances[J]. science, 2007, 317(5834): 83 - 86.

[4] KIANI M, GHOVANLOO M. The circuit theory behind coupled-mode magnetic resonance-based wireless power transmission[J]. IEEE Transactions on Circuits and Systems I: Regular Papers, 2012, 59(9): 2065 - 2074.

[5] KARALIS A, JOANNOPOULOS J D, SOLJA I M. Efficient wireless non-radiative mid-range energy transfer[J]. Annals of physics, 2008, 323(1): 34 - 48.

[6] HUANG X, GAO Y, ZHOU J, et al. Magnetic field design for optimal wireless power transfer to multiple receivers[J]. IET Power Electronics, 2016, 9(9): 1885 - 1893.

[7] ZHANG J, CHENG C H. Analysis and optimization of three-resonator wireless power transfer system for predetermined-goals wireless power transmission [J]. Energies, 2016, 9(4): 274.

[8] ZHANG J, CHENG C H. Quantitative investigation into the use of resonant magneto-inductive links for efficient wireless power transfer[J]. IET Microwaves, Antennas & Propagation, 2016, 10(1): 38 - 44.

[9] ZHOU H, ZHU B, HU W, et al. Modelling and practical implementation of 2-coil wireless power transfer systems[J]. Journal of Electrical and Computer Engineering, 2014, (4): 27.

[10] LIU X, WANG G. A novel wireless power transfer system with double intermediate resonant coils[J]. IEEE Transactions on Industrial Electronics, 2015, 63(4): 2174 - 2180.

[11] ZHANG J, CHENG C H. Comparative studies between KVL and BPFT in magnetically-coupled resonant wireless power transfer[J]. IET Power Electronics, 2016, 9(10): 2121 - 2129.

[12] AWAI I, ISHIDA T. Design of resonator-coupled wireless power transfer system by use of BPF theory [J]. Journal of Electromagnetic Engineering and Science, 2010, 10(4): 237 - 243.

[13] LUO B, WU S, ZHOU N. Flexible design method for multi-repeater wireless power transfer system based on coupled resonator bandpass filter model[J]. IEEE Transactions on Circuits and Systems I: Regular Papers, 2014, 61 (11): 3288 - 3297.

[14] KIANI M, JOW U M, GHOVANLOO M. Design and optimization of a 3-coil inductive link for efficient wireless power transmission[J]. IEEE Transactions on Biomedical Circuits and Systems, 2011, 5(6): 579 - 591.

[15] CHOI B H, LEE E S, HUH J, et al. Lumped impedance transformers for compact and robust coupled magnetic resonance systems[J]. IEEE Transactions on Power Electronics, 2015, 30(11): 6046 - 6056.

[16] FU M F, ZHANG T, MA C B, et al. Efficiency and optimal loads analysis for multiple - receiver wireless power transfer systems[J]. IEEE Transactions on Microwave Theory and Techniques, 2015, 63(3): 801 - 812.

[17] JOHARI R, KROGMEIER J V, LOVE D J. Analysis and practical considerations in implementing multiple transmitters for wireless power transfer via coupled magnetic resonance[J]. IEEE Transactions on Industrial Electronics, 2013, 61(4): 1774 - 1783.

[18] HUH S, AHN D. Two-transmitter wireless power transfer with optimal activation and current selection of transmitters[J]. IEEE Transactions on Power Electronics, 2017, 33(6): 4957 - 4967.

[19] LEE K, CHO D H. Diversity analysis of multiple transmitters in wireless power transfer system[J]. IEEE Transactions on Magnetics, 2012, 49(6): 2946 - 2952.

第 7 章　多发射单接收线圈 WPT 系统优化电流和优化电压的电路方案

7.1　引　言

在磁谐振 WPT 系统的研究领域，不断涌现出各种创新的技术和结构。在经典的磁谐振 WPT 系统中，涉及四个关键的线圈结构，分别是馈源匹配环、发射线圈、接收线圈和负载匹配环[1~3]。然而，为了进一步提高无线充电的传输距离和效率，研究人员开始关注多中继线圈 WPT 系统的设计[4~7]。为实现单个充电平台对多个用电设备进行充电，文献[8]～文献[10]对单发射多接收线圈 WPT 系统进行了研究。然而，单发射多接收线圈 WPT 系统在覆盖范围上存在一些限制。要能够在更广的空间范围内实现高效的能量接收，涵盖一维直线、二维平面甚至三维空间[11~15]的情况，经典的单发射多接收线圈 WPT 系统都不能够胜任。然而，通过引入多发射单接收线圈结构可以解决该问题，这为本章研究多发射单接收线圈 WPT 系统提供了明确的动机。

从分析方法上来说，早期研究人员主要使用 CMT 分析磁谐振 WPT 系统。后来利用 CT 分析磁谐振 WPT 系统变成主流，这是因为用 CT 分析时的电气参数更清晰。文献[16]～文献[18]中基于 CT，通过优化多发射线圈上流过的电流来达到调控输能磁场波束的目的，此技术称为波束调控技术。该技术主要应用在输能天线的辐射近场区，因此系统的 PTE 与收发天线的辐射效率成正比[19~21]。上述的研究内容对磁耦合 WPT 系统的发展做了巨大的贡献。且文献[14, 22, 23]基于 CT，用多发射单接收线圈 WPT 系统对动态无线充电方案进行了研究。

本章首先基于补偿电容串联的谐振收发电路，通过优化馈入各发射线圈的电流来提高系统的最优 PDL；其次将多发射线圈的串联补偿电容用串联电感/并联电容/串联电容（LCC）的补偿拓扑电路替换，并基于此种拓扑结构的耦合电路实现最优 PDL 传输，同时实现对馈电电压和流入 LCC 补偿拓扑电路输入端口的电流的可调。

7.2 多发射单接收线圈 WPT 系统优化电流的电路方案

多发射单接收线圈 WPT 系统优化电流的拓扑电路如图 7-1 所示,图中的收、发线圈均采用串联方式接入匹配调谐电容,优化电流方案就是基于该拓扑电路展开的。根据 KVL 可列出图 7-1 的电气参数间关系式如下:

$$\frac{1}{R'_R}\begin{bmatrix} R_1 & j\omega_0 M_{12} & \cdots & j\omega_0 M_{1n} & -jQ_{1R} \\ j\omega_0 M_{12} & R_2 & \cdots & j\omega_0 M_{2n} & -jQ_{2R} \\ \vdots & \vdots & \vdots & \vdots & \vdots \\ j\omega_0 M_{1n} & j\omega_0 M_{2n} & \cdots & R_n & -jQ_{nR} \\ -jQ_{1R} & -jQ_{2R} & \cdots & -jQ_{nR} & 1 \end{bmatrix}\begin{bmatrix} I_{C,1} \\ I_{C,2} \\ \vdots \\ I_{C,n} \\ I_{C,R} \end{bmatrix} = \frac{1}{R'_R}\begin{bmatrix} V_{C,S1} \\ V_{C,S2} \\ \vdots \\ V_{C,Sn} \\ 0 \end{bmatrix} \quad (7-1)$$

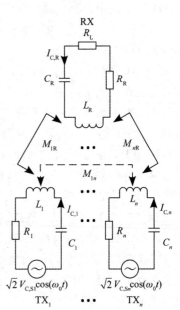

图 7-1 多发射单接收线圈 WPT 系统优化电流的拓扑电路

式中,$M_{ij}(i, j = 1, \cdots, n, i \neq j)$ 为第 i 个发射线圈 TX_i 和第 j 个发射线圈 TX_j 间的互感,$V_{C,Si}$ 和 $I_{C,i}$ 分别为加载在 TX_i 上的均方根电压(馈电电压)和流过该线圈的均方根电流(馈电电流);R_i 为由 TX_i 构成的第 i 个发射谐振器上总的等效损耗电阻;$I_{C,R}$ 和 R'_R 分别为流过接收线圈的均方根电流和接收线圈 RX 上的总电阻,这里 $R'_R = R_R + R_L$,R_R 和 R_L 分别为由 RX 构成的接收谐振器上总的等效损耗电阻和外接负载电阻;Q_{iR} 为 TX_i 与 RX 间的传输品质因数,$Q_{iR} = \dfrac{\omega_0 M_{iR}}{R'_R}$,$\omega_0$ 为各谐振器的自谐振角频率,这里 $\omega_0 = \dfrac{1}{\sqrt{L_i C_i}} = \dfrac{1}{\sqrt{L_R C_R}}$;$M_{iR}$ 为 TX_i 和 RX 间的互感。当 RX 的参数和 R_L 确定后,Q_{iR} 就可表示 TX_i 和 RX 间的耦合强度。

7.2.1 理论推导

将式(7-1)的前 n 行和最后一行分别改写成如下等式:

$$R_i I_{C,i} + j\omega_0 \sum_{j=1, j \neq i}^{n} (M_{ij} I_{C,j}) - jR'_R Q_{iR} I_{C,R} = V_{C,Si} \quad (7-2a)$$

$$I_{\mathrm{C,R}} - \mathrm{j} \sum_{i=1}^{n} (Q_{iR} I_{\mathrm{C},i}) = 0 \tag{7-2b}$$

解式(7-2b)并代入优化电流方案中系统的负载获得功率 $\mathrm{PDL}_{\mathrm{C}} = R_{\mathrm{L}} |I_{\mathrm{C,R}}|^2$ 可得

$$\mathrm{PDL}_{\mathrm{C}} = R_{\mathrm{L}} \Big(\sum_{i=1}^{n} Q_{iR} I_{\mathrm{C},i} \Big)^2 \tag{7-3}$$

通过式(7-2a)和式(7-2b)的变换，$V_{\mathrm{C,Si}}$ 可以明晰地表示为关于 $I_{\mathrm{C},i}$ 的函数。对于此优化电流方案来说，来自第 i 个电流源的功率 $P_{\mathrm{C},i} = \mathrm{Re}(V_{\mathrm{C,Si}} I_{\mathrm{C},i}^*)$（ $*$ 表示共轭）可以表示成下式：

$$P_{\mathrm{C},i} = (R_i + R_{\mathrm{R}}' Q_{iR}^2) |I_{\mathrm{C},i}|^2 + R_{\mathrm{R}}' Q_{iR} \Big(\sum_{j=1, j \neq i}^{n} Q_{jR} I_{\mathrm{C},j} \Big) I_{\mathrm{C},i} \tag{7-4}$$

馈入 WPT 系统总的功率 $P_{\mathrm{C,T}}$ 可以表示成下式：

$$P_{\mathrm{C,T}} = \sum_{i=1}^{n} P_{\mathrm{C},i} = \sum_{i=1}^{n} R_i I_{\mathrm{C},i}^2 + R_{\mathrm{R}}' \Big(\sum_{i=1}^{n} Q_{iR} I_{\mathrm{C},i} \Big)^2 \tag{7-5}$$

作为一个对比案例，下面推导出在相等电流(Equal Current, EC)流过每个 TX 的情况下各线圈上的电流 $I_{\mathrm{C,E}}$ 和系统的负载获得功率 $\mathrm{PDL}_{\mathrm{C,E}}$ 的计算表达式。根据式(7-5)可得到 $I_{\mathrm{C,E}}$ 为

$$I_{\mathrm{C,E}} = \frac{\sqrt{P_{\mathrm{C,T}}}}{\sqrt{\sum_{i=1}^{n} R_i + R_{\mathrm{R}}' \Big(\sum_{i=1}^{n} Q_{iR} \Big)^2}} \tag{7-6}$$

联合式(7-3)和式(7-6)可知，对于有相等电流流入各发射线圈的多发射单接收线圈 WPT 系统，其 $\mathrm{PDL}_{\mathrm{C,E}}$ 为

$$\mathrm{PDL}_{\mathrm{C,E}} = \frac{P_{\mathrm{C,T}} R_{\mathrm{L}}}{R_{\mathrm{R}}' + \dfrac{1}{F_1}} \tag{7-7}$$

式中，$F_1 = \dfrac{\Big(\sum_{i=1}^{n} Q_{iR} \Big)^2}{\sum_{i=1}^{n} R_i}$。

通过优化式(7-5)中流过各发射线圈的 $I_{\mathrm{C},i}$ 值来进一步最大化 PDL。构建如下的优化目标函数和约束条件：

$$\begin{cases} \text{最大化}_{I_{\mathrm{C},i}}: R_{\mathrm{L}} \Big(\sum_{i=1}^{n} Q_{iR} I_{\mathrm{C},i} \Big)^2 \\[2mm] \text{约束条件}: \sum_{i=1}^{n} R_i I_{\mathrm{C},i}^2 + R_{\mathrm{R}}' \Big(\sum_{i=1}^{n} Q_{iR} I_{\mathrm{C},i} \Big)^2 - P_{\mathrm{C,T}} = 0 \end{cases} \tag{7-8}$$

利用拉格朗日乘数法解式(7-8)，得到的优化解记为 $I_{\mathrm{C},i,\mathrm{OPT}}$。引入实数变量 λ，由

式(7-8)构建的拉格朗日乘数等式为

$$L(I_{C,i}, \lambda) = R_L \left(\sum_{i=1}^{n} Q_{iR} I_{C,i} \right)^2 + \lambda \left[\sum_{i=1}^{n} R_i I_{C,i}^2 + R'_R \left(\sum_{i=1}^{n} Q_{iR} I_{C,i} \right)^2 - P_{C,T} \right] \quad (7-9)$$

$\frac{\partial}{\partial I_{C,i}} L(I_{C,i}, \lambda) = 0$ 和 $\frac{\partial}{\partial \lambda} L(I_{C,i}, \lambda) = 0$ 是由式(7-9)得到优化结果的必要条件,相应的扩展等式如下:

$$I_{C,i} = \frac{Q_{iR}(R_L - R'_R \lambda)}{\lambda R_i} \left(\sum_{j=1}^{n} Q_{jR} I_{C,j} \right) \quad (7-10a)$$

$$\sum_{i=1}^{n} R_i I_{C,i}^2 + R'_R \left(\sum_{i=1}^{n} Q_{iR} I_{C,i} \right)^2 - P_{C,T} = 0 \quad (7-10b)$$

从式(7-10a)推导出流过各发射线圈的电流满足 $\frac{I_{C,i}}{I_{C,j}} = \frac{\frac{Q_{iR}}{R_i}}{\frac{Q_{jR}}{R_j}}(i \neq j)$,将该 $\frac{I_{C,i}}{I_{C,j}}$ 表示式代

入式(7-10b),得到流入第 i 个发射线圈的优化电流 $I_{C,i,\text{OPT}}$ 为

$$I_{C,i,\text{OPT}} = \frac{\sqrt{P_{C,T}} Q_{iR} \left(\prod_{j=1,j \neq i}^{n} R_j \right)}{\sqrt{\left[\sum_{s=1}^{n} Q_{sR}^2 \left(\prod_{j=1,j \neq s}^{n} R_j \right) \right] \left\{ \prod_{j=1}^{n} R_j + R'_R \left[\sum_{s=1}^{n} Q_{sR}^2 \left(\prod_{j=1,j \neq s}^{n} R_j \right) \right] \right\}}} \quad (7-11)$$

将式(7-11)中的 $I_{C,i,\text{OPT}}$ 代入式(7-3),得到优化电流方案中多发射单接收线圈 WPT 系统加载最优负载电阻时的最优负载获得功率 $\text{PDL}_{C,\text{OPT}}$ 为

$$\text{PDL}_{C,\text{OPT}} = \frac{P_{C,T} R_L}{R'_R + \frac{1}{F_2}} \quad (7-12)$$

式中,$F_2 = \sum_{i=1}^{n} \frac{Q_{iR}^2}{R_i}$。

为了对照分析 EC 情况下的 $\text{PDL}_{C,E}$(式(7-7))与优化电流(Optimal Current, OC)情况下的 $\text{PDL}_{C,\text{OPT}}$(式(7-12)),比较两式中的不同项(即 F_1 和 F_2)的大小。$\Delta F = F_2 - F_1$ 的具体表示式为

$$\Delta F = \frac{\sum_{i=1,i \neq j}^{n} \left[(Q_{iR} R_j - Q_{jR} R_i)^2 \left(\prod_{s=1,s \neq i, \neq j}^{n} R_s \right) \right]}{\left(\sum_{i=1}^{n} R_i \right) \left(\prod_{i=1}^{n} R_i \right)} \quad (7-13)$$

对于多发射单接收线圈 WPT 系统中具有不同尺寸的线圈结构和具有不同耦合强度的收、发线圈,$Q_{iR} R_j \neq Q_{jR} R_i$ 总是成立的,因此 $\Delta F > 0$ 也总是成立的。因此,利用针对多发

射单接收线圈 WPT 系统提出的优化电流方法得到的最优负载获得功率 $PDL_{C,OPT}$ 一定大于相等电流情况下系统的负载获得功率 $PDL_{C,E}$。

由式(7-11)和式(7-12)知，对于多发射单接收线圈 WPT 系统而言，补偿电容串联接入线圈的拓扑电路能够通过优化流过各发射线圈的电流来最大化 PDL。一般来说，实际的系统使用电压源进行供电，因此，优化的馈电电流需要转化成实际的馈电电压。获得 $PDL_{C,E}$ 和 $PDL_{C,OPT}$ 所加的馈电电压 $V_{C,Si}$ 和 $V_{C,Si,OPT}$ 分别是将式(7-6)中的 $I_{C,E}$ 和式(7-11)中的 $I_{C,i,OPT}$ 代入式(7-2a)和式(7-2b)得到，即

$$V_{C,Si} = R_i I_{C,E} + R'_R Q_{iR} \sum_{j=1}^{n} Q_{jR} I_{C,E} + j\omega_0 \sum_{j=1,\,j\neq i}^{n} M_{ij} I_{C,E} \tag{7-14a}$$

$$V_{C,Si,OPT} = R_i I_{C,i,OPT} + R'_R Q_{iR} \sum_{j=1}^{n} Q_{jR} I_{C,j,OPT} + j\omega_0 \sum_{j=1,\,j\neq i}^{n} M_{ij} I_{C,j,OPT} \tag{7-14b}$$

利用式(7-14a)和(7-14b)，可以将优化的馈电电流转化为对应的馈电电压，实际系统中直接使用电压源较为普遍，因此直接优化馈电电压以获得最大 PDL 输出显得更为实际。7.3节中将对优化电压的电路方案进行介绍。

7.2.2　数值分析

为阐明7.2.1节理论推导的有效性，本节用一个五发射单接收线圈 WPT 系统来计算理论推导过程中的电流和负载输出功率。该系统的所有发射线圈和接收线圈的尺寸相同，线圈的直径和绕线匝数分别为 31 cm 和 25 圈。采用直径为 1.2 mm、电导率为 5.7×10^7 S/m 的铜导线来绕制所有的线圈，由文献[7]中理论计算可得到绕制的线圈的等效电感和等效损耗电阻分别为 $L_i = L_R = 40.55\ \mu H$ 和 $R_i = R_R = 1.96\ \Omega$。串联到线圈上的电容为 $C_i = C_R = 625$ pF，谐振器的自谐振频率为 $f_0 = 1$ MHz（$\omega_0 = 6.28 \times 10^6$ rad/s）。

图7-2示出五发射单接收线圈 WPT 系统的充电布局模型，该模型结构也被用于研究无人搬运车的移动充电[14]。图中参数 D_I、D_D、D_T 分别为发射线圈间间距、接收线圈 RX 与中心线圈 TX_3 间的水平偏移距离、RX 与发射线圈平面间的充电距离。本章中的五发射单接收线圈 WPT 系统总的馈电功率都是 $P_{C,T} = 20$ W，其中单发射单接收线圈 WPT 系统中的一个发射线圈是图中的 TX_1，两发射单接收线圈 WPT 系统中的两个发射线圈是图中的 TX_1 和 TX_2，依次类推，五发射单接收线圈 WPT 系统中的五个发射线圈是图中的 TX_1、TX_2、TX_3、TX_4、TX_5。本章所有算例中的 D_I 均设置为 0.5 m，且算例使用 MATLAB 软件优化。图7-3示出当负载电阻 $R_L = 100\ \Omega$ 时，EC 和 OC 两种情况下含有不同个数发射线圈的 WPT 系统的不同 TX_i 上流过的电流与 D_D 的关系。当传输距离 $D_T = 0.3$ m 时所得到的 $I_{C,E}$ 和 $I_{C,i,OPT}$ 随 D_D 变化的波动明显高于 $D_T = 0.7$ m 时的。

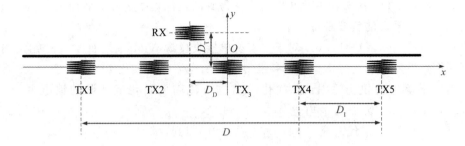

图 7-2　五发射单接收线圈 WPT 系统的充电布局模型

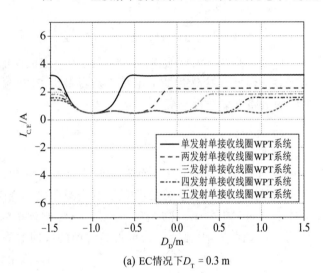

图 7-3

(a) EC情况下 D_T = 0.3 m

(b) EC情况下 D_T = 0.7 m

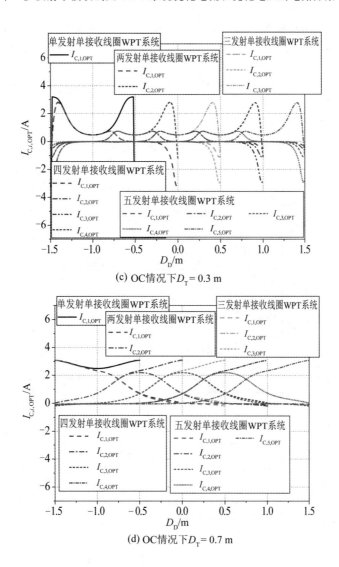

(c) OC情况下$D_T = 0.3$ m

(d) OC情况下$D_T = 0.7$ m

图 7-3　发射线圈上流过的电流与D_D的关系

图 7-4 示出 EC 和 OC 两种情况下，馈电功率$P_{C,T} = 20$ W 时 PDL 与D_D的关系。对于单发射单接收线圈 WPT 系统，$PDL_{C,E}$的最大值出现在TX_1位置处，即$D_D = -0.1$ m 处。随着发射线圈个数的增加，EC 情况下$PDL_{C,E}$的最大值逐渐减小，但是越多的发射线圈结构能有效扩大充电区域的范围。对于 OC 情况，含有一至五个发射线圈的 WPT 系统的最大$PDL_{C,OPT}$均相同。无论是 EC 情况下，还是 OC 情况下，$D_T = 0.7$ m 时系统获得的 PDL 的平坦度好于$D_T = 0.3$ m 时的，然而$D_T = 0.7$ m 时系统获得的 PDL 的均值比$D_T =$

0.3 m 时的小得多。通过比较 7-4(a)和(b)所示的两种情况可知，OC 情况下系统获得的 PDL 明显大于 EC 情况下的，特别是随着发射线圈个数的增多，OC 情况下系统获得的 PDL 明显增大。

图 7-4

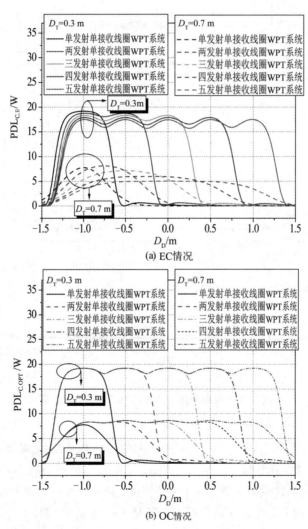

图 7-4　馈电功率 $P_{C,T}=20$ W 时 PDL 与 D_D 的关系

7.3　多发射单接收线圈 WPT 系统优化电压的电路方案

●●●●

　　本节将 7.2 节中所有发射线圈的串联补偿电容用串联电感/并联电容/串联电容(LCC)的补偿拓扑电路代替。图 7 – 5 示出多发射单接收线圈 WPT 系统优化电压的补偿拓扑电路。本节将基于该图所示的补偿拓扑电路阐述优化电压方案，以实现系统的最大 PDL 传输。电压源加载到线圈 TX_i 所在补偿拓扑电路的输入端口，馈电电源的均方根电压（即馈电电压）为 $V_{V,Si}(i = 1, \cdots, n)$。$I_{V,Ii}$、$I_{V,i}$ 和 $I_{V,R}$ 分别表示流入线圈 TX_i 所在补偿拓扑电路输入端口的均方根电流（即馈电电流）、流过发射线圈 TX_i 的均方根电流和流过接收线圈 RX 的均方根电流。L_R、R_R 和 R_L 分别为 RX 的等效电感、由 RX 构成的接收谐振器上总的等效损耗电阻和外接负载电阻，L_i 和 R_i 分别为 TX_i 的等效电感和由 TX_i 构成的第 i 个发射谐振器上总的等效损耗电阻。$M_{ij}(i, j = 1, \cdots, n, i \neq j)$ 为第 i 个发射线圈 TX_i 和第 j 个发射线圈 TX_j 间的互感。L_{Ci}、C_{Ci} 和 C_{Ti} 构成 TX_i 的 LCC 补偿拓扑电路。

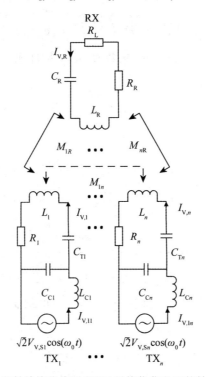

图 7 – 5　多发射单接收线圈 WPT 系统优化电压的补偿拓扑电路

在 LCC 补偿拓扑电路的电气参数满足

$$\omega_0 = \frac{1}{\sqrt{L_{Ci}C_{Ci}}} = \frac{1}{\sqrt{(L_i - L_{Ci})C_{Ti}}} \qquad (7-15)$$

的条件下，流过发射线圈的电流 $I_{V,i}$ 完全受控于馈电电压 $V_{V,Si}$，而与接收线圈加载的负载电阻的大小和收发线圈间的耦合强度无关。

与 7.2 节优化电流方案类似，在式(7-15)给出的约束条件下，根据 KVL 可得到图 7-5 中的第 i 个发射线圈 TX_i 与接收线圈 RX 间的电气参数满足下列式子：

$$-\frac{1}{j\omega_0 C_{Ci}} I_{V,1i} = V_{V,Si} \qquad (7-16a)$$

$$R_i I_{V,i} - \frac{1}{j\omega_0 C_{Ci}} I_{V,1i} + j\omega_0 \sum_{j=1,\,j\neq i}^{n} (M_{ij} I_{V,j}) - jR'_R Q_{iR} I_{V,R} = 0 \qquad (7-16b)$$

$$I_{V,R} - j\sum_{i=1}^{n} (Q_{iR} I_{V,i}) = 0 \qquad (7-16c)$$

式中，R'_R 为接收线圈 RX 所在环路上的总电阻值，$R'_R = R_R + R_L$；Q_{iR} 为 TX_i 与 RX 间的传输品质因数，$Q_{iR} = \omega_0 M_{iR}/R'_R$。优化电压方案下系统的负载获得功率 $\mathrm{PDL}_V = R_L |I_{V,R}|^2$，通过解式(7-16b)和式(7-16c)得到

$$\mathrm{PDL}_V = \omega_0^2 R_L \Big(\sum_{i=1}^{n} C_{Ci} Q_{iR} V_{V,Si}\Big)^2 \qquad (7-17)$$

基于式(7-16a)～(7-16c)的参数变换，来自第 i 个电压源的功率 $P_{V,i} = \mathrm{Re}(V_{V,Si} I^*_{V,1i})$ 可写成如下形式：

$$P_{V,i} = \omega_0^2 (R_i + R'_R Q_{iR}^2) C_{Ci}^2 V_{V,Si}^2 + \omega_0^2 R'_R Q_{iR} \Big(\sum_{j=1,\,j\neq i}^{n} C_{Cj} Q_{jR} V_{V,Sj}\Big) C_{Ci} V_{V,Si} \qquad (7-18)$$

来自 n 个电压源的总功率 $P_{V,T}$ 为

$$P_{V,T} = \sum_{i=1}^{n} P_{V,i} = \omega_0^2 \sum_{i=1}^{n} C_{Ci}^2 R_i V_{V,Si}^2 + \omega_0^2 R'_R \Big(\sum_{i=1}^{n} C_{Ci} Q_{iR} V_{V,Si}\Big)^2 \qquad (7-19)$$

对于电压源馈给各发射线圈相等电压(Equal Voltage，EV)的情况，相等电压 $V_{V,S,E}$ 可通过式(7-19)得到，即

$$V_{V,S,E} = \frac{\sqrt{P_{V,T}}}{\omega_0 \sqrt{\sum_{i=1}^{n} C_{Ci}^2 R_i + R'_R \Big(\sum_{i=1}^{n} C_{Ci} Q_{iR}\Big)^2}} \qquad (7-20)$$

用式(7-20)中的 $V_{V,S,E}$ 替换式(7-17)中的 $V_{V,Si}$，得到 EV 情况下多发射单接收线圈 WPT 系统的负载获得功率 $\mathrm{PDL}_{V,E}$ 为

$$\mathrm{PDL}_{V,E} = \frac{P_{V,T} R_L}{R'_R + \dfrac{1}{F_1}} \qquad (7-21)$$

与优化电流方案类似，使用拉格朗日乘数法在式(7-19)的约束下优化式(7-17)中的 $V_{V,Si}$，使 $\mathrm{PDL_V}$ 在不同的接收线圈位置上均取得优化值，得到最优馈电电压 $V_{V,Si,\mathrm{OPT}}$ 为

$$V_{V,Si,\mathrm{OPT}} = \frac{\sqrt{P_{V,T}}\,Q_{iR}\left(\prod\limits_{j=1,\,j\neq i}^{n} R_j\right)}{\omega_0\sqrt{\left[\sum\limits_{s=1}^{n} C_{Cs}Q_{sR}^2\left(\prod\limits_{j=1,\,j\neq s}^{n} R_j\right)\right]\left\{\sum\limits_{s=1}^{n} C_{Cs}\left(\prod\limits_{j=1}^{n} R_j\right)+R'_R\left[\sum\limits_{s=1}^{n} C_{Cs}Q_{sR}^2\left(\prod\limits_{j=1,\,j\neq s}^{n} R_j\right)\right]\right\}}}$$

$$(7-22)$$

将式(7-22)中的 $V_{V,Si,\mathrm{OPT}}$ 代入式(7-17)，得到优化电压方案中多发射单接收线圈 WPT 系统的最优负载获得功率 $\mathrm{PDL_{V,OPT}}$ 的表达式如下：

$$\mathrm{PDL_{V,OPT}} = \frac{P_{V,T}R_L}{R'_R + \dfrac{1}{F_2}}$$

$$(7-23)$$

当系统获得 $\mathrm{PDL_{V,E}}$ 和 $\mathrm{PDL_{V,OPT}}$ 时，所对应的流入第 i 个 LCC 补偿拓扑电路输入端口的电流 $I_{V,Ii}$ 和 $I_{V,Ii,\mathrm{OPT}}$ 分别是将 $V_{V,S,E}$ 和 $V_{V,Si,\mathrm{OPT}}$ 代入式(7-16)得到，即

$$I_{V,Ii} = (\omega_0 C_{Ci})^2 R_i V_{V,S,E} + \omega_0^2 C_{Ci}R'_R Q_{iR}\sum_{j=1}^{n} C_{Cj}Q_{jR}V_{V,S,E} + \mathrm{j}\omega_0^3 C_{Ci}\sum_{j=1,\,j\neq i}^{n} C_{Cj}M_{ij}V_{V,S,E}$$

$$(7-24\mathrm{a})$$

$$I_{V,Ii,\mathrm{OPT}} = (\omega_0 C_{Ci})^2 R_i V_{V,Si,\mathrm{OPT}} + \omega_0^2 C_{Ci}R'_R Q_{iR}\sum_{j=1}^{n} C_{Cj}Q_{jR}V_{V,Sj,\mathrm{OPT}} + \mathrm{j}\omega_0^3 C_{Ci}\sum_{j=1,\,j\neq i}^{n} C_{Cj}M_{ij}V_{V,Sj,\mathrm{OPT}}$$

$$(7-24\mathrm{b})$$

7.4　两种优化电路方案的分析与比较

7.4.1　两种优化电路方案的关系

7.2 节和 7.3 节分别给出了优化电流和优化电压的电路方案。优化电流的电路方案中的参数 $\mathrm{PDL_C}$、$P_{C,T}$、$I_{C,E}$、$\mathrm{PDL_{C,E}}$、$I_{C,i,\mathrm{OPT}}$、$\mathrm{PDL_{C,OPT}}$ 与优化电压的电路方案中的参数 $\mathrm{PDL_V}$、$P_{V,T}$、$V_{V,S,E}$、$\mathrm{PDL_{V,E}}$、$V_{V,Si,\mathrm{OPT}}$、$\mathrm{PDL_{V,OPT}}$ 相对应。两种方案的优化目标分别为求出流入补偿拓扑电路输入端口的电流值和馈电电压源的电压值。当两种方案的馈电功率相同，即 $P_{C,T}=P_{V,T}$ 时，均用 P_T 表示，$\mathrm{PDL_{C,E}}(\mathrm{PDL_{C,OPT}})$ 和 $\mathrm{PDL_{V,E}}(\mathrm{PDL_{V,OPT}})$ 具有相同的表达式，用 $\mathrm{PDL_E}$ 表示 $\mathrm{PDL_{C,E}}$ 和 $\mathrm{PDL_{V,E}}$，用 $\mathrm{PDL_{OPT}}$ 表示 $\mathrm{PDL_{C,OPT}}$ 和 $\mathrm{PDL_{V,OPT}}$，得

$$\mathrm{PDL_E = PDL_{C,E} = PDL_{V,E} = \dfrac{P_T R_L}{R'_R + \dfrac{1}{F_1}}} \tag{7-25a}$$

$$\mathrm{PDL_{OPT} = PDL_{C,OPT} = PDL_{V,OPT} = \dfrac{P_T R_L}{R'_R + \dfrac{1}{F_2}}} \tag{7-25b}$$

与优化电流方案中表达式 $I_{C,E}(I_{C,i,OPT})$ 相比较，优化电压方案中 $V_{V,S,E}(V_{V,Si,OPT})$ 的表达式是在前者的基础上除以谐振角频率 ω_0 和并联电容 C_{Ci} 的乘积得到的。当所有发射线圈的参数及其上的匹配电容相同，即 $R_i = R$ 和 $C_{Ci} = C_C$ 成立时，在利用两种方案得到的馈电功率相同（即 $P_{C,T} = P_{V,T} = P_T$）的条件下，$I_{C,E}(I_{C,i,OPT})$ 和 $V_{V,S,E}(V_{V,Si,OPT})$ 的关系为

$$V_{V,S,E} = \frac{I_{C,E}}{\omega_0 C_C} = \frac{\sqrt{P_T}}{\omega_0 C_C \sqrt{nR + R'_R \left(\sum\limits_{i=1}^{n} Q_{iR}\right)^2}} \tag{7-26a}$$

$$V_{V,Si,OPT} = \frac{I_{C,i,OPT}}{\omega_0 C_C} = \frac{\sqrt{P_T} Q_{iR}}{\omega_0 C_C \sqrt{\left(\sum\limits_{i=1}^{n} Q_{iR}^2\right)\left(R + R'_R \sum\limits_{i=1}^{n} Q_{iR}^2\right)}} \tag{7-26b}$$

同样在 $R_i = R$、$C_{Ci} = C_C$、$P_{C,T} = P_{V,T} = P_T$ 成立的条件下，结合式（7-14a）、式（7-14b）、式（7-26a）和式（7-26b），式（7-24a）和（7-24b）可改写为

$$I_{V,Ii} = \omega_0 C_C V_{C,Si} \tag{7-27a}$$

$$I_{V,Ii,OPT} = \omega_0 C_C V_{C,Si,OPT} \tag{7-27b}$$

7.4.2　两种优化电路方案的不同

式（7-26a）、式（7-26b）、（7-27a）和式（7-27b）清晰地给出了两种优化方案中电流与电压间的关系。对于给定的馈电功率 P_T，系统获得 $\mathrm{PDL_E}$ 和 $\mathrm{PDL_{OPT}}$ 时对应的电流 $I_{C,E}$ 和 $I_{C,i,OPT}$ 如图 7-3(a)～(d)所示。$\mathrm{PDL_E}$ 和 $\mathrm{PDL_{OPT}}$ 随着 D_D 的变化关系如图 7-4 所示。利用 7.2 节和 7.3 节提出的两种优化方案所得到的 $\mathrm{PDL_{OPT}}$ 明显大于等电流和等电压情况下得到的 $\mathrm{PDL_E}$。接下来重点讨论 7.2 节和 7.3 节提出的两种优化方案的不同之处。

式（7-26b）给出了 OC 方案下 $I_{C,i,OPT}$ 与优化电压（Optimal Voltage，OV）方案下 $V_{V,Si,OPT}$ 的关系。从该式可以看出，在保持 $\mathrm{PDL_{OPT}}$ 不变时，可以通过调整并联电容 C_C 来调整 $V_{V,Si,OPT}$ 的大小。同理，可以通过加载不同的电容值 C_C 来调整 OV 方案中的 $I_{V,Ii,OPT}$ 的大小。因此，对于本章中实现 $\mathrm{PDL_{OPT}}$ 的 OV 方案来说，在获得与 OC 方案下相同大小的 PDL 的同时，也能根据给定的电源额定电压值和电路元件限流情况来调节馈电电压和流入 LCC 补偿拓扑电路输入端口的电流。图 7-6 示出在 $D_T = 0.3 \mathrm{~m}$、$P_T = 20 \mathrm{~W}$ 和不同的并联电容 C_C 情况下，馈电电压 $V_{C,Si,OPT}$、$V_{V,Si,OPT}$ 和流入第 i 个补偿拓扑电路输入

端口的电流 $I_{C,i,OPT}$、$I_{V,Ii,OPT}$ 随 D_D 的变化关系。从图中看出，当系统结构和负载电阻确定后，优化电流方案中用黑色曲线表示的 $V_{C,Si,OPT}$ 和 $I_{C,i,OPT}$ 是不会变化的。而对于优化电压方案，当 $D_T = 0.3$ m 时，在五发射单接收线圈 WPT 系统的输出功率为设定值的条件下，可通过调节并联电容 C_C 来控制 $V_{V,Si,OPT}$ 和 $I_{V,Ii,OPT}$ 的大小。例如，通过增大 C_C 来减小 $V_{V,Si,OPT}$ 和增大 $I_{V,Ui,OPT}$ 的同时，可使 $P_T = 20$ W 保持不变。

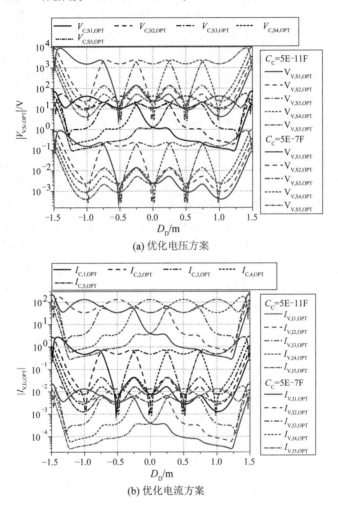

图 7 - 6

(a) 优化电压方案

(b) 优化电流方案

图 7 - 6　$D_T = 0.3$ m 和 $P_T = 20$ W 情况下，OC 和 OV 两种方案中馈电电压和流入第 i 个补偿拓扑电路输入端口的电流

7.5 理论计算和全波电磁仿真验证

为验证上述提出的优化 PDL 方法以及利用 C_C 调节馈电电压和流入各 LCC 补偿拓扑电路输入端口的电流的有效性,本节构建一个五发射单接收线圈 WPT 系统进行仿真验证。本节所列举的 WPT 系统的电气参数与 7.2.2 节的相同。图 7−7 示出输入总功率 P_T = 20 W,采用优化电压方案最大化 PDL 时,TX_3 上所需的馈电电压和流入第 3 个 LCC 补偿拓扑电路输入端口的电流的仿真值和计算值。图中实线和虚线分别表示传输距离 D_T = 0.3 m 和 D_T = 0.7 m 时系统所需的优化电压和电流,且传输距离 D_T = 0.7 m 时系统所需的优化电压值始终大于传输距离 D_T = 0.3 m 时系统所需的值。然而,D_T = 0.7 m 处流入第 3 个 LCC 补偿拓扑电路输入端口的电流值始终小于 D_T = 0.3 m 处流入第 3 个 LCC 补偿拓扑电路输入端口的电流值。这是由于在调节并联电容 C_C 过程中,输入、输出功率始终保持不变。使用 FEKO 仿真时,软件中电能传输模型中的电源电压值和源内阻抗值使用理论计算得到的电源电压值和匹配阻抗值。仿真得到的电流值在图 7−7 中用散点示出,由图可知,电流的仿真值可与理论计算值吻合得很好。当 D_T = 0.3 m 时,馈电电压和流入第 3 个 LCC 补偿拓扑电路输入端口的电流分别为 42 V 和 0.5 A;而当 D_T = 0.7 m 时,馈电电压和流入的电流分别为 32 V 和 2.2 A。至此,我们得到:与优化电流方案相比,优化电压方案能够有效调节馈电电压和流入各个 LCC 补偿拓扑电路输入端口的电流。

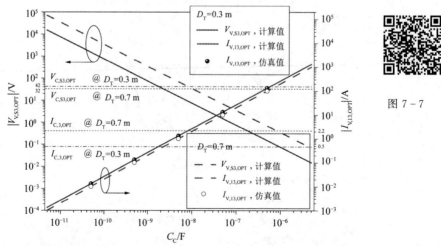

图 7−7

图 7−7 TX_3 上所需的馈电电压和流入第 3 个 LCC 补偿拓扑电路输入端口的电流的仿真值和计算值与并联电容的关系

根据式(7-14b)和式(7-22)分别设置优化电流和优化电压方案中的馈电电压,可得到两种方案中流过相应发射线圈的电流值的大小相同。五发射单接收线圈 WPT 系统在优化电压或优化电流方案中的磁场空间分布如图 7-8 所示,该图示出了与线圈所在平面垂直的平面的磁场分布。利用仿真实验可得到,当传输距离 $D_T = 0.3$ m 时,系统的最优负载获得功率 $PDL_{OPT} = 19.2$ W,当传输距离 $D_T = 0.7$ m 时,系统的最优负载获得功率 $PDL_{OPT} = 8.6$ W。然而,在 $D_T = 0.3$ m 处的最大磁场 $H_{Ymax}(= 67.5$ A/m)小于在 $D_T = 0.7$ m 处的最大磁场 $H_{Ymax}(= 225$ A/m)。这是由于当 $D_T = 0.7$ m 时,TX_3 上流过的电流最大,使得 TX_3 周围的磁场密度最大。

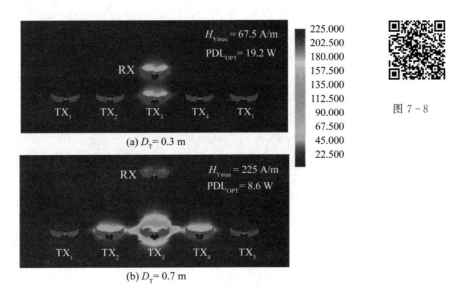

图 7-8

图 7-8 五发射单接收线圈 WPT 系统在优化电压或优化电流方案中的磁场空间分布

本 章 小 结

本章基于优化电流和优化电压的电路方案对多发射单接收线圈 WPT 系统的 PDL 进行了优化设计。在优化电流的电路方案部分给出 EC 方案,是为了阐明提出的优化电流方案能最大化 PDL 的优点。为了使用有限可调馈电电压的电压源或者避免过高的电流引起电路元件的损坏,本章又提出了优化电压的电路方案,以实现馈电电压和流入 LCC 补偿拓扑电路输入端口的电流动态可调。本章最后,使用三维全波电磁仿真软件 FEKO 对算例进行仿真，以验证优化理论的正确性。

参考文献

[1] KURS A，KARALIS A，MOFFATT R，et al. Wireless power transfer via strongly coupled magnetic resonances[J]. science，2007，317(5834)：83－86.

[2] SAMPLE A P，MEYER D T，SMITH J R. Analysis，experimental results，and range adaptation of magnetically coupled resonators for wireless power transfer[J]. IEEE Transactions on industrial electronics，2010，58(2)：544－554.

[3] ZHANG J，CHENG C. Quantitative investigation into the use of resonant magneto-inductive links for efficient wireless power transfer[J]. IET Microwaves，Antennas & Propagation，2016，10(1)：38－44.

[4] ZHANG F，HACKWORTH S A，FU W，et al. Relay effect of wireless power transfer using strongly coupled magnetic resonances[J]. IEEE Transactions on Magnetics，2011，47(5)：1478－1481.

[5] AHN D，HONG S. A study on magnetic field repeater in wireless power transfer [J]. IEEE Transactions on Industrial Electronics，2012，60(1)：360－371.

[6] ZHONG W，LEE C K，Hui S Y R. General analysis on the use of Tesla's resonators in domino forms for wireless power transfer[J]. IEEE transactions on industrial electronics，2011，60(1)：261－270.

[7] ZHANG J，CHENG C H. Analysis and optimization of three-resonator wireless power transfer system for predetermined-goals wireless power transmission[J]. Energies，2016，9(4)：274.

[8] FU M，YIN H，LIU M，et al. A 6.78MHz multiple-receiver wireless power transfer system with constant output voltage and optimum efficiency[J]. IEEE Transactions on Power Electronics，2017，33(6)：5330－5340.

[9] HAO P，LIU L，ZHAO L. Priority evaluation for multiple receivers in wireless power transfer based on magnetic resonance[C]// 2016 IEEE Wireless Power Transfer Conference (WPTC). IEEE，2016：1－4.

[10] PRATIK U，VARGHESE B J，AZAD A，et al. Optimum design of decoupled concentric coils for operation in double-receiver wireless power transfer systems[J]. IEEE Journal of Emerging and Selected Topics in Power Electronics，2018，7(3)：

1982 – 1998.

[11] ZHANG J, WANG F F. Efficiency analysis of multiple-transmitter wireless power transfer systems[J]. International Journal of Antennas and Propagation, 2018, 2: 1 – 11.

[12] ZHANG C, LIN D, HUI S Y. Basic control principles of omnidirectional wireless power transfer[J]. IEEE Transactions on Power Electronics, 2015, 31(7): 5215 – 5227.

[13] ZHANG J, CHENG C, CHEN K, et al. Analysis of multiple-TX WPT systems using KVL and RX-side RLT[J]. IET Microwaves, Antennas & Propagation, 2019, 13(12): 1997 – 2004.

[14] ZHANG J, CHEN D, ZHANG C. Enhanced power transmission for on-road AGV wireless charging systems using a current-optimized technique[J]. Progress In Electromagnetics Research C, 2019, 96: 205 – 214.

[15] KIANI M, GHOVANLOO M. The circuit theory behind coupled-mode magnetic resonance-based wireless power transmission[J]. IEEE Transactions on Circuits and Systems I: Regular Papers, 2012, 59(9): 2065 – 2074.

[16] JADIDIAN J, KATABI D. Magnetic MIMO: How to charge your phone in your pocket[C]. Proceedings of the 20th annual international conference on Mobile computing and networking. 2014: 495 – 506.

[17] MOGHADAM M R V, ZHANG R. Node placement and distributed magnetic beamforming optimization for wireless power transfer[J]. IEEE Transactions on Signal and Information Processing over Networks, 2017, 4(2): 264 – 279.

[18] YANG G, MOGHADAM M R V, ZHANG R. Magnetic beamforming for wireless power transfer[C]//2016 IEEE International Conference on Acoustics, Speech and Signal Processing (ICASSP). IEEE, 2016: 3936 – 3940.

[19] LEE J, NAM S. Fundamental aspects of near-field coupling small antennas for wireless power transfer[J]. IEEE Transactions on Antennas and Propagation, 2010, 58(11): 3442 – 3449.

[20] ZHANG J, CHENG C H. Investigation of near-field wireless power transfer between two efficientelectrically small planar antennas[C]. Proceedings of 2014 3rd Asia-Pacific Conference on Antennas and Propagation. IEEE, 2014: 720 – 723.

[21] CHEN Z, SUN H, GEYI W. Maximum wireless power transfer to the implantable device in the radiative near field[J]. IEEE Antennas and Wireless Propagation Letters, 2017, 16: 1780 – 1783.

[22] DAI X, JIANG J C, WU J Q. Charging area determining and power enhancement method for multi-excitation unit configuration of wirelessly dynamic charging EV system [J]. IEEE Transactions on Industrial Electronics, 2018, 66 (5): 4086 - 4096.

[23] DUONG Q T, OKADA M. KQ-product formula for multiple-transmitter inductive power transfer system[J]. IEICE Electronics Express, 2017: 14(3): 1 - 8.